我的动物朋友

冀海波⊙编著

动物之最

★ ★ ★ ★ ★

体验自然，探索世界，关爱生命——我们要与那些野生的动物交流，用我们的语言、行动、爱心去关怀理解并尊重它们。

延边大学出版社

图书在版编目（CIP）数据

动物之最 / 冀海波编著 . —延吉 : 延边大学出版社 , 2013 . 4（2021 . 8 重印）

（我的动物朋友）

ISBN 978-7-5634-5597-3

Ⅰ . ①动…　Ⅱ . ①冀…　Ⅲ . ①动物－青年读物 ②动物－少年读物　Ⅳ . ① Q95-49

中国版本图书馆 CIP 数据核字 (2013) 第 088532 号

动物之最

编著：冀海波

责任编辑：李宁

封面设计：映像视觉

出版发行：延边大学出版社

社址：吉林省延吉市公园路 977 号　邮编：133002

电话：0433-2732435　传真：0433-2732434

网址：http://www.ydcbs.com

印刷：三河市祥达印刷包装有限公司

开本：16K　165×230

印张：12 印张

字数：120 千字

版次：2013 年 4 月第 1 版

印次：2021 年 8 月第 3 次印刷

书号：ISBN 978-7-5634-5597-3

定价：36.00 元

前 言

　　人类生活的蓝色家园是生机盎然、充满活力的。在地球上，除了最高级的灵长类——人类以外，还有许许多多的动物伙伴。它们当中有的庞大、有的弱小，有的凶猛、有的友善，有的奔跑如飞、有的缓慢蠕动，有的展翅翱翔、有的自由游弋……它们的足迹遍布地球上所有的大陆和海洋。和人类一样，它们面对着适者生存的残酷，也享受着七彩生活的美好，它们都在以自己独特的方式演绎着生命的传奇。

　　在动物界，人们经常用"朝生暮死"的蜉蝣来比喻生命的短暂与易逝。因此，野生动物从不"迷惘"，也不会"抱怨"，只会按照自然的安排去走完自己的生命历程，它们的终极目标只有一个——使自己的基因更好地传承下去。在这一目标的推动下，动物们充分利用了自己的"天赋异禀"，并逐步进化成了异彩纷呈的生命特质。由此，我们才能看到那令人叹为观止的各种"武器"、本领、习性、繁殖策略等。

　　例如，为了保住性命，很多种蜥蜴不惜"丢车保帅"，进化出了断尾逃生的绝技；杜鹃既不孵卵也不育雏，而采用"偷梁换柱"之计，将卵产在画眉、莺等的巢中，让这些无辜的鸟儿白费心血养育异类；有一种鱼叫七鳃鳗，长大后便用尖利的牙齿和强有力的吸盘吸附在其他大鱼身上，靠摄取寄主的血液完成从变形到产卵的全过程；非洲和中南美洲的行军蚁能结成多达1000万只的庞大群体，靠集体的力量横扫一切……由此说来，所谓的狼的"阴险"、毒蛇的恐怖、鲨鱼的"凶残"，乃至老鼠令人头疼的高繁殖率、蚊子令人讨厌的吸血性等，都只是自然赋予它们的一种独特适应性而已，都是它们的生存之道。人是智慧而强有力的动物，但也只是自然界的一份子，我们应该用平等的眼光去看待自然界中的一切生灵，而不应时刻把自己当成所谓的万物的主宰。

人和动物天生就是好朋友，人类对其他生命形式的亲近感是一种与生俱来的天性，只不过许多人的这种亲近感被现实生活逐渐磨蚀或掩盖掉了。但也有越来越多的人，在现实生活的压力和纷扰下，渐渐觉得从动物身上更能寻求到心灵的慰藉乃至生命的意义。狗的忠诚、猫的温顺会令他们快乐并身心放松；而野生动物身上所散发出的野性特质及不可思议的本能，则令他们着迷甚至肃然起敬。

衷心希望本书的出版能让越来越多的人更了解动物，更尊重生命，继而去充分体味人与自然和谐相处的奇妙感受。并唤起读者保护动物的意识，积极地与危害野生动物的行为作斗争，保护人类和野生动物赖以生存的地球，为野生动物保留一个自由自在的家园。

编　者

2012.9

动物之最

目 录

第四章　水生动物之最

第一章

陆生动物之最

　　动物世界千奇百怪，为了增强对自然环境的适应能力，它们自身进化出各种非凡的本领和身体优势，比如世界上奔跑速度最快的猎豹，身躯庞大的大象，不怕风沙的骆驼等。大自然中还有很多我们所不知道的动物本领等着我们去发现。

世界上最高的动物——长颈鹿

　　长颈鹿是世界上最高的动物。它们体态高雅，相貌清秀，长着一条优美的长颈，大而突出的双眼灵活转动，视野可达360°。长颈鹿白色的皮肤上布满了棕黄色的斑块，相互交织成网状，看上去非常美丽。它们四肢纤长，走起路来十分优雅。

　　长颈鹿生来就有2米高，恐怕是世界上最高的婴儿了。在最初的4~5个月

中，它们会被聚集到一起，由专门的成年长颈鹿来看护它们，就像我们小时候上幼儿园一样。大约一岁半左右，它们才会离开母亲独立生活。

长颈鹿的个子大，相应地，它的舌头也很长。长颈鹿的舌头比一个成年人的前臂还长，达46厘米。这条长舌头能够很轻松地卷住2~6米高的树枝上的叶子，再送进嘴里慢慢享用。

动物·小·知识

长颈鹿是谨慎胆小的动物，每当遇到天敌时就会立即逃跑。它能以每小时72千米的速度奔跑。当跑不掉时，它那铁锤似的巨蹄是它们的得力武器。成年长颈鹿的蹄子足可以将狮子的肋骨踢断。

长颈鹿的长脖子由比人手臂还粗的肌肉支撑着，而且它们的前额有一块很坚硬的角状头盖骨，如此一来，它们的长颈就相当于强大的铁臂，头部就成了无坚不摧的铜锤，抡动起来，谁也难以抵挡。曾有人亲眼目睹一只长颈鹿将一头大羚羊的肩膀击碎，使其一命呜呼。

长颈鹿除了长长的脖子外，最显著的就是那身美丽的图案。这些图案有的像棕色的圆点，有的像交错的枝条，有的像锯齿。每一只长颈鹿都有自身的图案，就像人的指纹，是独一无二的。

饮水对长颈鹿来说是一件冒险的事情。因为每次饮水时，它们都必须把前面两条腿尽量叉开，或者干脆跪在地上，显得十分吃力。所以每饮一次水它们都要起身4~6次来休息，同时还要观察四周是否有天敌逼近，因为狮子常会趁这个时候发起突然袭击。因此，群居在水边的长颈鹿通常不会同时喝水。

北极最大的肉食动物——北极熊

北极熊属于熊科半水栖动物。它的头部较小，耳小而圆，颈细长，足宽大，肢掌多毛，除保暖外，还有助于在冰上行走。北极熊生活在冰冻荒凉的北极地区，行动迅速，活动范围很大，常见于离陆地和浮冰几十千米以外的水中。北极熊是北极最大的肉食动物，常常捕食其他生活在北极圈的动物，或在水里面捕鱼为食。

北极熊全身长满了雪白色的毛，像一件多功能服装，既是一件密实的防水服，又是一件羽绒大衣，可以起到防冷御寒的作用，另外，洁白的颜色也起到了掩护的作用，便于它们在白茫茫的北极大地上捕猎。不过，别看它的毛是白色的，可是它的皮肤却是黑色的。

虽然北极熊看上去笨笨的，一副可爱模样，但它们可是极地的王者，除了虎鲸，它就称霸北极了。北极熊最爱吃海豹，看见海豹之后，它会捂住自己黑黝黝的鼻头，这样就与周围的白色世界融为一体，然后慢慢靠近，最后突然出现在海豹面前。海豹数量有限时，它会把海豹吃得干干净净，连地面的血液也不留下。

北极熊的嗅觉非常灵敏，据说其灵敏度是狗的7倍，3千米以外燃烧动物脂肪发出的美味，它都可以闻到。一般来说，北极熊在每年的3~5月非常活跃，为了觅食辗转奔波于浮冰区，过着水陆两栖的生活。这时候的北极熊往往毛色发亮，性情活泼，但到了严冬时节，北极熊的外出活动将大大减少，毛发便渐渐失去了以往的光泽，性情也萎靡起来。它们寻找避风的地方卧地而睡，呼吸频率渐渐降低，身体开始进入似醒非醒的局部冬眠状态。这种状态可以有效保持体力，同时在遇到紧急情况时，又可立即惊醒，应对变故，非常适合其残酷的生存状态。

动物小·知识

在野外生活的北极熊寿命大约有25~30年左右，圈养条件下自然会活的更长，已知最长寿的北极熊是只雌性北极熊，它生活在底特律动物园，到1999年已经活到了45岁。

科学家发现，北极熊喜欢做格斗游戏。游戏的双方一般个头相仿。在嬉戏时，它们喜欢互相拥抱，在雪地上跳"华尔兹"。有时它们也站起来互相挥拳推搡，直到筋疲力尽时，它们才伸展四肢仰卧，或蜷缩身体呼呼大睡。

世界上曾经最大的象——猛犸象

虽然古代哺乳动物猛犸象与现代象体型相似，但它们并非生活于热带或亚热带，而是生活在北方严寒气候中。据研究，它们曾生存于亚、欧大陆北部及北美洲北部的寒冷地区。人类对猛犸象的身体结构进行研究后发现，它们具有极强的御寒和保温能力。

猛犸象在鞑靼语中为"地下居住者"的意思。它曾经是世界上最大的象，大小与现代的象相似，身强体壮，有粗壮的腿，脚生四趾，头骨较现代的象更加短而高，头特别大，嘴部长有一对弯曲的大门牙。通常一头成熟的猛犸象身长达5米，高约3米，虽然身高不高，但身体肥硕，体重为6~8吨。与亚

洲象相似，猛犸象的上门齿长1.5米左右，向上、向外卷曲，无下门齿，臼齿由许多齿板组成，齿板排列紧密，约有30片。猛犸象身上披着黑色的细密长毛，皮很厚，具有极厚的脂肪层，厚度达9厘米。猛犸象生存在冰河世纪，出现在距今80万年前，在距今40万年前灭绝，在极地附近的冰原上觅食与生活，因皮肤外面披着厚厚的长毛，又被称为"长毛象"。

猛犸象标本的突破性发现是在2002年8月的萨哈尤卡基尔地区，一对猎人父子在一个湖边发现了一具冰封地下长达万年的化石。这是一个让世界学术界震惊的发现，甚至被誉为"世界第九大奇迹"。因为它出土时，象头和左前脚保存的非常完整，不仅皮肉俱存，还保存了浓密的象毛，是罕见的皮肉保存完善的猛犸象本体。

动物小·知识

> 从侧面看，猛犸象的背部是身体的最高点，从背部开始往后很陡地降下来，脖颈处有一个明显的凹陷，表皮长满了长毛，其形象如同一个驼背的老人。

新生代的中期和晚期，长鼻类动物发展成为曾经显赫一时的、分布于世界各地的大家族。它们主要沿着两条路线进化：一条是进化主线，即经由古乳齿象进化为现在的象类；另一条则为进化的小分支，逐渐演化成恐象类，早已灭绝。

在进入近代以前，象类分为三个种类：剑齿象分布于南方和热带地区，古菱齿象占领亚热带的中部地区，而猛犸象则成为北方冰天雪地的地方的霸主。猛犸象与今天的大象有亲缘关系，但比现在的大象要凶猛得多。成年的猛犸象凭借庞大的体型称霸平原。科学家们声称，猛犸象喜欢对任何在它看来是"威胁"的动物发动突然攻击，对手往往在"醒过神"来之前就已被碾死。因此，猛犸象处于整个食物链的顶端，但是猛犸象需要15年的时间才能发育成型，因此，年幼的猛犸象常常成为凶猛的捕食动物的攻击对象。

是什么原因让这种体格庞大的猛犸象在距今1万年的时候突然灭绝呢？对于猛犸象的灭绝原因，一直以来存在两种猜测：气候灭绝说和人类屠杀导致灭绝说。为了解决这一争论，美国一个考古学小组对这两种学说进行了检验。他们推断，如果猛犸象是由于气候变化灭绝的，那么在一个特定的地区内，猛犸象应该与人类同时存在，并且仅仅是在气候发生改变后才走向灭绝。而如果是人类捕杀导致了猛犸象的灭绝，那么在一个特定的区域内，猛犸象的灭绝时间应该与人类进入这一地区的时间相互吻合。

最新的一项研究发现，猛犸象是死于人类猎杀，而并非是由于气候变化导致了这一物种的灭绝。研究人员发现，一旦人类占据了一个地区，那么猛犸象的化石记录便在这一地区消失了。当人类迁徙出非洲后，在他们的栖息地留下了死亡猛犸象的痕迹。研究者指出，对人类缺乏吸引力的地方，如热带雨林，往往是使现代象幸存下来的避难所。

为解决争议，专家们做过很多研究，找出了许多的原因，归纳起来，猛犸象灭绝是源于外因和内因的共同作用。外因是气候的变暖，猛犸象被迫向北方迁移，致使其活动区域缩小，猛犸象因草场植物的减少，得不到充足的食物，开始面临饥饿的威胁。内因是猛犸象本身的生长速度缓慢，不利于种群延续。以现代象为例，从怀孕到产仔需要22个月，而猛犸象生活在严寒地带，推测其怀孕期会更长，幼象的成活率极低。离现代越近，被人类和猛兽捕杀的数量越多，当它们的生殖与死亡之间的平衡遭到破坏，其数量就会迅速减少直至灭绝。大自然的淘汰规律，对猛犸象也同样是公平的。在新生代的第三纪末期也发生过相似的情况，当时大量的原始哺乳动物走向灭绝，被现代动物的祖先所取代，猛犸象的祖先就是在那时登场的，而后来轮到猛犸象让出地盘了。猛犸象整个种群的灭亡标志着第四纪冰川时代的结束。

世界上最大陆栖动物——大象

　　象是世界上最大的陆栖动物，其外部体型的主要特点是具有扇状的耳朵，长鼻柔韧而肌肉发达，具有缠卷功能，这也是它自卫和取食的有力工具。它隶属哺乳纲长鼻目象科，长鼻目曾有6科，其中5科已灭绝，仅余象科1科2属两种动物——非洲象和亚洲象。

　　非洲象广泛分布于整个非洲大陆。亚洲象在历史上曾广布于中国长江以南的南亚和东南亚地区，但现在分布范围缩小，生活于印度、泰国、柬埔寨、越南等国，在中国云南省西双版纳地区也有小的野生种群。

　　象是群居性动物，以家族为单位，栖息于多种环境，尤其喜欢丛林、草原和河谷地带。成年雄象只承担保卫家庭安全的责任，而雌象则作为首领，

安排每天活动的时间、觅食地点、行动路线、栖息场所等。有时几个象群聚集起来，结成规模上百只的象群。象以植物为食，食量极大，每日食量可达225千克以上。一些象已被人类视为家畜驯养，可供骑乘或服劳役。

亚洲象比非洲象的体型小一些，耳朵也相对较小。象的睫毛比较长，影响到视力，所以视觉较差，但听觉、嗅觉敏锐。

一般一个象群的数量少于30只，它们居无定所，每天在首领的带领下四处寻找食物。大象的食物主要是竹笋、嫩叶和野果。由于它们的消化能力不强，吃进去的东西仅能吸收40%左右，其余的大部分都以排泄物形式排出体外。为了维持庞大身体的需要，它们一天中一半以上的时间都用于觅食。

大象生活离不开水，有时为了寻找水源，它们会长途跋涉，找到之后便开怀畅饮一番。大象喝水时先用鼻子吸取，然后送到嘴里。它们的鼻子里生有瓣膜，因此水不会流到气管中。

象群中，成年的雌象只在交配季节才与雄象在一起生活。大象的繁殖期不固定，孕期为20~22个月，这是哺乳动物中最长的，每胎产1仔。刚刚出生的小象体重可达100千克，在母亲的呵护下成长，一般9~12岁性成熟，寿命为70~80年。

在古代历史上，人们曾将象训练为战象，印度就曾凭借战象击退了马其顿帝国亚历山大大帝的侵犯，保卫了自己的国土。现在在南亚地区，许多居民都将象驯化成自己的工具，泰国甚至将亚洲象训练为"出租车"。大象一般性格温顺，易于驯服，但是它们对侮辱伤害自己和同胞、破坏自己生存环境的人会产生强烈的愤恨，并寻机报复，在野外发生的野象伤人事件多半源于大象寻仇。由于环境破坏和偷猎，野生大象的数量一直在下降。为了扭转这种局面，国际间已经启动亚洲象保护计划，并不断加大实施力度。我们期待着这些举措能尽快发挥实效。

大象是动物界最独特的物种之一。其独特性首先表现在它的体型上：作为现存最大的陆地动物，它能长到4米高，重达7吨，是犀牛（排在第二位）的两倍。还有一个独特之处是它的外形，尤其是那长长的鼻子和巨大的耳朵。但是人们可能很少注意到大象另外一个奇特的地方——它们身上的毛发极其稀疏。要知道99%以上的陆地哺乳动物都有皮毛，身披毛发是哺乳动物的特征之一，但大象是罕见的例外。这是为什么呢？

 动物小·知识

　　　　大象的求爱方式比较复杂，繁殖期到来时，雌象便开始寻找僻静的场所，用鼻子挖坑，建筑新房，然后摆上"礼品"。前来求偶的雄象四处漫步，用长鼻子抚摸雌象，接着它们用长鼻互相纠缠，有时把鼻尖塞到对方的嘴里。

　　有人解释说，始祖象进化成大象后，随着体型变大，身上毛囊的密度也相应降低，因此，大象的体毛变得稀疏。但体型大并不意味着毛发就会变得稀疏，根据研究，早在一万年前灭绝的猛犸象就生有浓密的长毛。以此类推，现存的大象也可以身披长毛。显然，这种说法是不科学的。

　　长有浓密长毛的猛犸象生活在寒带，而现存大象都生活在热带，不需要毛发御寒，因此气候就是导致大象毛发稀疏的原因之一。但为什么同样跟大象生活在热带的许多哺乳动物，如狮子、斑马、长颈鹿都有毛发，而大象的体毛却严重退化呢？

　　大象生活在地球上最炎热的地带，因此散热比保温更为重要。由于身体热量来源于细胞代谢的过程，细胞越多，产生的热量就越多。皮肤可散发体热，并且身体表面积越大，散热越快。但是，举例来看，假如你吹一个气球，当半径增大1倍时，气球的表面积变为原来的4倍，而体积是原来的8倍。由此可见，随着体型的变大，其身体表面积和体积却不是以相同的比例增长：表面积按平方增大，而体积是以立方增大，显然体积比表面积增长得快。

　　体热是在细胞代谢过程中产生的，它们的总量差不多是固定的，但是环境的温度则是不断在变化的。哺乳动物是恒温动物，必须把体温维持在一个特定的温度才能保证正常的生理活动。大象的体温必须维持在36℃左右，过高或过低都会有生命危险。

　　但是，大象的体型庞大，由于体积和表面积不成比例地增长，散热就成为了大象的一个很严重的问题。大象的体积大约是狮子的30倍，也就是说产热大约是狮子的30倍，而大象皮肤总面积大约只是狮子的10倍，还有20倍的热量需要设法散掉，所以不能像狮子那样生有妨碍散热的体毛。这就解释了为什么体型仅次于大象的犀牛和河马也是没有体毛的。

体形最大的熊——棕熊

　　棕熊产于亚洲、欧洲及北美洲等地，是熊类中体型最大的，也是陆地上体型第二大的食肉动物。其中科迪亚克棕熊是棕熊中体型最大的亚种，它们巨大的身板足以和它们的白色邻居——北极熊相抗衡。棕熊的体毛一般呈深棕色，但因产地不同毛色略有差异。

　　棕熊体型巨大，一般体长3.5米，肩高约1.5米，公熊体重大约300~500千克，最重可达780千克，母熊体重通常只有公熊的一半。棕熊前爪的爪尖最长能达15厘米，不过比较粗钝。棕熊的嗅觉极佳，是猎犬的几倍，它们的视力也很好。棕熊的吻部比较宽，有42颗牙齿，其中包括2颗大犬齿。它还有一

条短尾巴。

棕熊的被毛有不同的颜色，如棕色、黑色、棕黑和金色等。在冬天的时候它们的被毛会进一步长长，最长的有10厘米，但到了夏季的时候则重新变短，毛尖的颜色变深。

别看棕熊的体型庞大，其胆量却很小，很多时候一个人就足以吓走它们。不过在捕猎、争抢其他猛兽的食物或者交配季节，公熊会比平时更具有攻击性。受到惊吓的棕熊往往会发动疯狂的攻击，尤其是带着小熊的母熊。棕熊肩背上隆起的肌肉使它们的前臂十分有力，它们的力量足可以击垮钢筋混凝土结构的房子。

棕熊的外表看起来很笨重，可是奔跑起来的速度却可达每小时56千米，而且它们的耐力很好，通常以这样的速度连续奔跑几千米都没事。

动物·小·知识

曾听到过西藏的科考队伍说过这么一件趣事：分布在我国的，体型较其他棕熊亚种小的藏马熊，有时会弄弯野外房屋的钢筋，来偷取里面科考队的食物，足以想象其力量之大。

棕熊大多的时间都栖息在森林地带，夏季多活动在海拔较高的山上，春秋季节喜欢到海拔较低的地方去，冬季则在洞中大睡。它们的冬眠时间较长，一般从10月到来年的4月。它们的洞穴大多在阳坡的大树洞、倒木根或岩石间，洞内还铺着厚厚的枯草。通常一个洞穴只住一只成年熊，不过母熊会与3岁以下的幼熊同居一室。棕熊的食物主要是嫩芽、树根、野果，也吃昆虫、鱼，最爱吃的是蜂蜜。一般情况下它们是植食性的，但在饥饿时，鹿、狍子、野猪幼崽也会成为它们的食物。

20世纪50年代在喜马拉雅山附近的"野人"曾引起了世界各地科学家的广泛关注。有很多人说那些所谓的"野人"就是棕熊，也有人坚信"野人"是存在的。那么事实到底是怎样的呢？

一名日本登山队员结束了数十年来人们关于喜马拉雅是否存在"野人"的争论，他声称，经过长达数十年的研究，他已经解开了谜团：那些"野人"其实就是棕熊。

无独有偶，在西藏进行了20多年野生动物考察和研究的专家刘务林也说，他的大量考察结果得出，传说中的所谓的"野人"和"雪人"，应该就是与"人"体型十分相似的棕熊。

后来，人们经过对"野人"脚印的分析，证明了那些"野人"、"雪人"就是棕熊。它们体型巨大并且非常喜欢直立行走，使得它和人很相似，难怪当地许多老百姓很容易误认为山里有"野人"。

另外，棕熊在冬天时处于半睡眠状态，很容易被吵醒。它一旦受惊，或睡眠时过于饥饿，就会出来到处游荡觅食，有时会下到雪线以下。因为有的熊的毛色呈白色，这使得它们经常被老百姓认为是"野人"、"雪人"。

在我国，棕熊已被列为野生动物重点保护对象。目前棕熊的数量逐年下降，其生存危在旦夕。如果不经过专门的人工繁殖，可以断定它会在不久的将来灭绝。

非洲草原最大的猎手——狮子

狮子是一种大型猫科动物，其雄性的鬃毛是猫科特征之一，它们主要分布在非洲和亚洲地区。狮子是惟一一种雌雄两态的猫科动物，同时也是继虎之后第二大猫科动物。狮子爱吼叫，而且会经常性地吼叫，但这并不代表愤怒。其实它的吼叫主要为了显示它的威风，宣誓其领地，还有就是威慑其他狮子或食肉动物，使它们不敢进入自己领地。在所有猫科动物中，狮子的喉软骨最发达，因此，它是吼声最大的猫科动物。当有新的狮王打败老的狮王后，新狮王就会长时间大吼，甚至几夜里连续吼叫，向世界宣示它这个新狮王的诞生。

雌性狮子的身长一般为1.60米，肩高约1米，尾长约0.85米，平均体重150千克。雄性狮子身长可达1.80米，肩高约1.20米，尾长1米，平均体重225千克。狮子是非洲草原上最大的猎手。体型最大的狮子位于非洲南部，亚洲的狮子的体型相对较小。

狮的毛短，多呈黄色。雄狮的身上长有很长的鬃毛，它们的鬃毛从面部一直扩展到肩部和胸部，毛色一般呈深棕色，但有的也呈黑色、淡棕色或红棕色。关于这种鬃毛，有两种说法：一种是由于这些鬃毛让雄狮看起来更加威武，所以在鬣狗等其他食肉动物对手的眼中，雄狮显得更加庞大；另一种是，对雌狮来说，长的鬃毛更具有吸引力。事实上，长期的野外观察证明长的鬃毛和深色的鬃毛的确对雌狮更有吸引力。幼狮没有鬃毛，但有深色的斑点。幼狮一般需要5年时间才会长出完整的鬃毛。幼狮身上的深色斑点都会在第一年就消失。在极少数情况下也可以在成年狮身上看到这些斑点，但往往要在很近的地方才辨认得出来，且非常不清晰。此外，狮的尾端还有一簇黑色的长毛。

狮不同于其他大型猫科动物，狮比较喜欢群体生活。一个狮群主要由雌狮组成，这些雌狮互相之间有亲缘关系。一个狮群由3~30只狮组成，它的大小往往决定于地形和猎物的多少。雄狮在一个群内常常只待一段时间，然后就会去找另一个群。虽然如此，雄狮的地位在一个狮群中仍然高于雌狮。

一般情况下，一个狮群中只有1只成年的雄狮，雄性的幼狮在狮群中待3年将会被驱逐出群，而雌狮则继续留在群内。这些被驱逐出群的年轻雄狮在自己成为一个狮群的首领之前，会组成不稳定的小群过着游荡的生活。而一般要达到首领的地位，它们需要6年或更长的时间。在一个狮群中，当雄狮老了或虚弱时，就会有年轻的雄狮前来向它挑战，战败的雄狮不是逃跑就是死亡，这样狮群的领导地位就会被另一个雄狮占据。如果是新来的雄狮战胜，那么它前任的幼狮都将被杀死，这样雌狮就比较容易和它交配了。

一个狮群的领地面积有20~400平方千米不等，也有的狮群因没有领地而过着游荡的生活。一般，狮群用粪便、尿和从远方就听得见的呼叫声来标志

它们的领地。

一般情况下，只有雌狮可以活长约20年的时间。而雄狮多数在此之前就会被一只年轻的雄狮杀死或驱逐，一旦被驱逐，往往无法再找到一个群，最后只有被饿死，因此，雄狮的寿命一般不超过12年。由于在动物园中没有生存压力，有些狮子才能活到34岁。

一般年轻的雄狮在鬃毛还没有完全成熟时就去狩猎。当狩猎时，它们潜伏靠近猎物，然后跳起将猎物扑倒。小的猎物一般被直接咬断头颈，大的猎物的头颈被撕破或被压抑窒息而死。由于成年的雄狮深色的鬃毛很容易被猎物看见，因此雄狮猎食不太容易获得成功，所以狮群中常由雌狮来猎取食物。

猎物被捕获后按群内地位的高低进食：首先是雄狮，然后是地位最高的雌狮，幼狮最后。群内常因此产生地位的争夺，这样的争斗往往会导致伤残。狮子的主要食物有斑马、羚羊、小羚羊和牛羚，也有狒狒、兔、鸟，有时甚至还有鱼类。狮子也食腐食，被从群内驱逐的雄狮，生存也变得异常艰难起来，因此它们只有抢夺其他食肉动物如豹的猎物，或从鬣狗口中抢夺食物，一般只食尸体。

世界上最小的熊——马来熊

马来熊又名狗熊、太阳熊。马来熊是熊科动物中体形最小的成员，是熊科动物中可爱的侏儒。身长仅1.1~1.4米，肩高0.7米，体重40~45千克。公熊的个头只比母熊大10~20％。它们只有最大的棕熊十几分之一的重量。

马来熊主要分布在东南亚和南亚一带，包括老挝、柬埔寨、越南、泰国、马来西亚、印度尼西亚、缅甸和孟加拉国等地；1972年在我国云南南部边境山地首次发现马来熊，数量极少。

与其他熊类不同，马来熊的毛皮又短又滑，这可能是由马来熊所居住的低海拔地区的气候条件所导致的。马来熊全身覆盖着黑色或棕黑色的皮毛，前胸通常点缀着一块显眼的"U"型斑纹，斑纹呈浅棕黄或黄白色。头部比较宽，鼻子和眼睛附近也长有与胸前类似颜色的皮毛。两只圆耳朵很小，位于头部两侧较低的位置上。它们的舌头很长，这样吃起白

蚁或其他昆虫来，倒是方便了不少。马来熊还有一条长约5厘米的短尾巴。雄性的体形一般要比雌性大。

马来熊是林栖动物，一般分布在低洼地带茂密的热带雨林中。马来熊是昼伏夜出的动物，它们常在夜间活动、觅食，白天则在巢中睡觉或到向阳的坡地晒太阳，故又有"太阳熊"之称。

马来熊是出色的爬树高手，它的脚掌向内撇，尖利的爪钩呈镰刀型，这种生理特征显然十分有利于爬树。作为动物界的爬树专家，马来熊大部分时间都是在离地2~7米的树杈上度过的，包括睡眠和日光浴。

马来熊属于杂食性动物，蜜蜂和蜂蜜、白蚁以及蚯蚓是其主要的食物。当然，马来熊对各种美味的果子和棕榈油也很有兴趣，它们偶尔也会捕捉一些小型啮齿类动物、鸟类和蜥蜴等改善一下生活，马来熊甚至还会吃其他猫科动物吃剩的腐肉。

马来熊3岁性成熟，没有固定的交配季节，因此，一年到头都可能有熊宝宝降生。母熊的孕期大约为95天。它们也有受精卵延迟着床现象，在国外的动物园就曾有过记录，表明有的母熊怀孕长达174~240天。熊妈妈每次大约能产下2只幼熊，有时会有3只。新生的幼熊十分柔弱，体重只有300克左右，全身没有毛，它们会和母熊一起生活到成年才会独立生活。马来熊的最长寿命约24年。

马来熊是世界上珍贵而稀有的物种之一。其体态伶俐、矫健，很受人们喜爱。我国由于是马来熊分布范围中的边缘国，数量十分稀少，因此马来熊被列为国家一级重点保护野生动物。

跳得最远的动物——袋鼠

　　袋鼠，因雌性袋鼠有一个育儿袋而得名。它是袋类动物中的主要类群，全世界大约有60种，我们常见的有大袋鼠、红袋鼠、灰袋鼠和树栖袋鼠四种。

　　袋鼠主要分布在澳大利亚的红土草原。它们的头与鹿头相似，头很小，耳朵、眼睛却很大，上颌长着6颗门牙，下颌则长着2颗向外突出的大门牙。

　　袋鼠其实是一种强悍好斗的动物。袋鼠不会行走，只会跳跃，这是因为它的前肢十分短小，但它的后肢却十分强壮且具有相当好的弹跳力。在跳跃时，袋鼠的尾巴可起到保持身体平衡的作用。

　　袋鼠是哺乳动物中跳得最高最远的动物，它的弹跳能力和奔跑速度都非常强，它跳跃时的高度能达3米以上，奔跑的速度则能达到每小时65千米。

　　袋鼠是食草性、夜行性动物，吃多种植物，有的还吃真菌类。白天袋鼠通常都在树荫下休息，在太阳下山后几个小时才出来觅食，而在太阳出来后

不久就回巢。不同种类的袋鼠在不同的自然环境中，生活居住条件也有所不同。比如，波多罗伊德袋鼠会给自己做巢，而树袋鼠则生活在树丛中。大多数种类的袋鼠喜欢以树、洞穴和岩石裂缝作为遮蔽物。

袋鼠的繁殖很特别，不同于一般的哺乳动物。大袋鼠通常在1~2月份交配。交配期结束后，雌袋鼠即离群隐居在草丛中，过着孤独的生活，直至分娩。雌袋鼠受精以后有奇特的"迟缓"现象。雌袋鼠的受精卵分裂到100个细胞左右时，如果遇上了特别干燥的气候，发育便会停止，暂时封存在子宫里。等到气候条件适宜时，封存的胚胎就会重新开始发育，并于约5个星期后分娩。大部分的哺乳动物都是在母体子宫内发育，由胎盘提供养料。可是袋鼠没有胎盘，所以幼仔在母体内生长时间很短，它们还要到妈妈的"口袋"里继续发育长大。

一般雌袋鼠临产仔前2个小时左右，会认真清理育儿袋中的杂物，然后背靠一棵树坐下，把尾巴从两条后腿中间向前伸出，静候孩子出生。大袋鼠大多数一胎1仔，只有少数是双胞胎，偶尔也会一胎4仔。刚出生的幼仔十分小，只有约2.5厘米长，体重相当于母体重量的1/30000。此时幼仔身上无毛，浑身通红，眼睛和耳朵都闭着，十分难看。

动物小知识

　　袋鼠家族中"种族歧视"十分严重，它们对外族成员进入家族不能容忍，甚至本家族成员在长期外出后再回来也是不受欢迎的。家族即使接受新成员，也要教训一番，直到新成员学会许多"规矩"后，才能和家族融为一体。

袋鼠幼仔是如何进入育儿袋的呢？答案是自己爬进去的。刚出世的幼仔，尽管后肢十分柔弱，前肢却已生出爪来。借助神经和肌肉的配合，它从雌袋鼠的泄殖孔出发，顺着母体的尾巴爬到有袋骨支持的育儿袋里。一进育儿袋，它就四处寻找乳头，抓住四个中的一个便衔着，把身子挂在上面，继续发育成长。在这个奇特的生育之谜揭开之前，有人竟然无知地说袋鼠的幼仔是从乳头上长出来的。

小袋鼠要在袋鼠妈妈的"口袋"里呆上11个月后才能发育完全。出生约1个月后，小袋鼠的后肢和尾巴开始发育；7个月后，幼袋鼠能从袋中探出头来或暂时离开育儿袋。最终它能大部分时间离开袋子，在母亲的保护下活动，但仍继续吃奶，一年后才能正式断奶，离开育儿袋，但仍在附近活动，随时获取母亲的帮助和保护。袋鼠妈妈可同时拥有一个在袋外的小袋鼠、一个在袋内的小袋鼠和一个待产的小袋鼠。小袋鼠还要经过3~4年时间，才长大成年。

在澳大利亚，包括袋鼠在内的有袋动物几乎占所有哺乳动物总数的一半，其种类、数量之多，与其进化和环境因素息息相关，也和它的生存技巧分不开。

袋鼠大多在夜间活动。它们胆小机警，视觉、听觉、嗅觉都很灵敏。稍有异常响声，它们那对长长的大耳朵就能听到，于是迅速逃离险境。当碰到非常强大的对手实在难以脱身时，聪明的袋鼠会突然转过身，用极快的速度绕过敌人，向反方向逃跑。这种大胆的举动常常令追击者目瞪口呆，而在这一刻，袋鼠已经跳跃到很远的地方去了。

最懒的动物——树懒

在南美洲的热带丛林中，生活着一种珍贵古怪的懒家伙——树懒。树懒常年生活在树上，已高度特化成树栖生活，而丧失了地面活动的能力。它们无论是休息、睡觉、生儿育女，都是脚朝上、头朝下的倒悬在树上。有的树懒一生都生活在同一棵树上，甚至死后仍挂在树上。

树懒平时倒挂在树枝上，毛发蓬松而逆向生长，毛上附有藻类而呈绿色，在森林中难以被发现。树懒当数动物王国中的睡觉冠军，它们平均每天睡眠17~18个小时，即使醒来也极少活动，是名副其实的"树懒"。树懒科包括三趾树懒和二趾树懒两个属，共5种。树懒主要分布于中美和南美热带雨林。三趾树懒前后肢均3趾，二趾树懒后肢3趾而前肢2趾。

树懒体长约70厘米，体重约9千克，头圆，耳不明显，面部平坦，尾短或退化，毛很硬呈浅褐色，前肢比后肢长，爪长、弯曲而锐利。它主要吃树叶、嫩芽和果实。它难得下地，靠抱着树枝，竖着身体向上爬行，或倒挂其体，靠四肢交替向前移动。在地上时，其四肢斜向外侧，不能支持身体，只得靠前肢爬行，拖着身体前进。在热带盆地，雨季泛滥时，树懒能游泳转移。

树懒细长的爪子可以像结实的钩子一样紧握住树枝，头朝下一动不动地长时间悬挂着。树懒的这种特殊体态使得它们不会走"路"。如果把一只树懒从树枝上捉下来放在地上，它就站立不稳，走起路来也东倒西歪。它们一生中大部分时间是头朝下度过的，这种姿态实在是与众不同。19世纪法国著名的生物学家布丰第一次在实验室见到树懒的标本时竟不知该如何摆放它。

树懒非常懒惰，倒挂在树上一连几个小时一动也不动。饥饿时，它就摘

些随手可得的树叶、嫩芽和果子，够不着了，才不得不挪动自己的身体，这时也头朝下，用后肢在树枝上懒洋洋地移动。树懒的行动相当缓慢，平均每分钟只能移动1.8~2.5米，比龟还慢。它能忍饥挨饿，即使饿上一个月也死不了。即使是必要的活动，动作也是懒洋洋极其迟缓。就连被人追赶、捕捉时，它也好像若无其事，慢吞吞地爬行，像这样面临危险的时刻其逃跑的速度还超不过0.2米/秒。因为这种动物是极端的叶食性，而雨林里一年四季有充足的树叶，所以它们是绝对不会为吃发愁的。而且由于树叶水分多，环境又湿润，树懒也不用下地饮水。真是懒"兽"自有懒福气！

不过树懒有时也下到地面上进行排泄。这是个有趣的过程：它们沿树干悄悄爬下来，用短尾巴在地面掘个小坑，再将粪便排到坑里并用土埋上，然后赶紧爬上树。否则，因其行动缓慢，在森林的下层久留极易成为四处游荡的美洲豹或美洲狮的美餐。

从运动速度上来说，陆地上几乎任何一种食肉性动物都可以轻而易举地捉到它美餐一顿。但是，为什么树懒还能生存到今天而没有遭到灭绝的厄运呢？原来它也有极巧妙的办法躲避敌害的侵扰。它栖息在人迹罕见的潮湿的热带丛林中，刚出生不久的小树懒，体毛呈灰褐色，与树皮的颜色相近，又由于它奇懒无比，原来粗糙长手的表面上寄生着大量绿色的地衣和藻类植物，这就成了它巧妙而神秘的天然保护色。另外，它一生大部分时间一动不动地倒挂在树上，即使运动其动作也极慢，这样也可以极少惊动敌人。加之它的身体不重，可以爬上细小的树枝，吃它的肉食类动物上不了这种细枝，所以它才能够一直存活下来。

树懒虽然有顽强的生命力，但是树懒的体温调节机能不发达，静止时体温变化在28~35℃之间。当环境温度降至27℃时，树懒便有发抖现象，如果把它放在35~40℃的阳光下晒一会儿，它的体温就升高到致命的限度而死亡，因此它适应温度的范围是有限的。树懒栖息在热带环境，那里温度比较稳定。

最原始的哺乳动物——鸭嘴兽

　　1797年，有一个欧洲殖民者在大洋洲霍奇土贝利河附近一个湖边，无意中发现一种奇怪的动物。这动物周身有哺乳动物的毛皮，毛密绒厚；但是它的口鼻部长而平扁，上面覆有革质的鞘，没有牙齿，很像一张鸭嘴；四肢粗短，有爪，前肢指间有蹼，但这些蹼可以向内自由缩入。他从来没有见过这种奇异的动物，于是将它剥制成标本，送到欧洲动物学家们那里去鉴定。大家都认不出这究竟是什么动物，有些科学家甚至认为这是有人故意将鸭嘴和兽身拼缝在一块制成的，并说自然界根本没有这种动物存在。直到后来见到活体才相信确有其物，并起名为鸭嘴兽。

　　鸭嘴兽体长在45~60厘米之间，尾长为10.5~15厘米，体重1~2.4千克；它的眼睛很小，体毛呈棕黑色，没有乳头，乳腺分泌乳汁在腹部的乳区，供幼

仔舔食。鸭嘴兽的爪子锐利，在雄兽后脚的大拇指上还长着锋利的角质距，终身都存在。这个角质距能分泌毒液，毒液能够让小型猎物很快死去。

鸭嘴兽是现存哺乳动物中最古老、最原始、最低等的物种，它身上有很多爬行动物的特征。它是卵生的，卵为多黄卵。它的排泄及生殖是用一根管道进行的，动物学家们还专门为这取了一个名字：单孔目。它的大脑皮质不是很发达，腿短小粗壮，行走时很像乌龟。

动物·小·知识

鸭嘴兽是极少数用毒液自卫的哺乳动物之一。在雄性鸭嘴兽的膝盖背面有一根空心的刺，它在用后肢向敌人猛戳时会放出毒液。

鸭嘴兽为半水栖生活，喜欢在水边挖洞而居，特别是喜欢在近水的树下建设它自己的房子。它们的房子有两个洞口：一个在水下；一个在岸上。岸上的洞口极易被敌害所发现，于是鸭嘴兽就把洞口用杂草、碎石掩饰起来，这样就不容易被敌害发现了。水下的那个洞口主要是为了在水下觅食方便，还有逃避敌害的作用。

鸭嘴兽有很高的游泳和潜水本领，而且它们没有凶猛的天敌。鸭嘴兽的胆子很小，游泳时稍受惊吓就会消失在水中。

鸭嘴兽以捕食甲壳动物、昆虫、蚯蚓以及其他小型水生小动物为主，有时也吃一些植物。它的消化功能很强，食量非常大，一天能吃下与自己体重相当的食物。

每年10月份，对于澳大利亚来说恰是初夏时节，雌兽和雄兽会在水中交配。这里需要说明的是鸭嘴兽是"单孔目"动物，大约半个月左右，鸭嘴兽通过泄殖腔孔产下1~3枚卵；卵呈白色，壳软，卵个头和鹌鹑蛋差不多大小。雌兽把卵抱在胸前孵化。幼仔在出生后体表上有毛，而且是以吃母兽的奶汁长大的。它们哺乳时很有意思，母兽身上没有乳头，腹部只有一个下凹的乳腺区，母兽四脚朝天躺在地面上，乳汁湿透了乳腺区的腹毛后，幼仔爬在上面舔食。4个月左右幼仔发育完全。鸭嘴兽寿命在10~15年间。

　　鸭嘴兽属于哺乳动物纲、单孔目、鸭嘴兽科。全世界只有这一科一属一种。古生物学家认为，哺乳动物是从古爬行动物进化而来的，鸭嘴兽正是连接哺乳动物和爬行动物的"桥梁"，它身上同时具备爬行动物、鸟类和哺乳动物的特征。现存的野生鸭嘴兽只生活在大洋洲和塔斯马尼亚，是澳大利亚的国宝，和熊猫一样珍贵。

撕咬力量最大的哺乳动物——袋獾

袋獾曾广泛分布于澳大利亚，现仅见于塔斯马尼亚岛，是被称为"塔斯马尼亚魔鬼"的现存体型最大的有袋食肉动物。

袋獾身长52.5~80厘米，尾长23~30厘米，体重4.1~11.8千克，毛色深褐或灰色，喉部及臀部具有白色块斑，吻为浅粉色。其体型与鼬科动物相近，腹部生有育儿袋。

袋獾出没于灌木与高草环境中，昼伏夜出。行走时总在不停地嗅地面，似乎在寻找食物。食性以肉食为主，也吃昆虫、蛇和鼠类等，偶尔还吃些植物。

若问世界上哺乳动物中最凶猛的动物是什么，答案不是老虎、狮子，而是看似温顺可爱的肉食有袋类动物袋獾。

 动物·小·知识

袋獾以它那独特的嚎叫声和暴躁的脾气著称于世，塔斯马尼亚最早的居民因为被夜晚远处传来的袋獾可怕的尖叫声吓坏了，因此称它们为"塔斯马尼亚的恶魔"。

澳大利亚科学家研究分析了39类已灭绝和幸存的肉食哺乳动物的犬齿，且考虑到动物撕咬力量和其体型大小的相对关系。这是科学家首次评估肉食哺乳动物的咬力，结果发现，常常被人们所低估的袋獾是现在活着的撕咬力量最大的哺乳动物。事实上，一只6千克重的袋獾能够杀死30千克重的袋熊。

　　通过对化石的研究，科学家们还得出另一个相似的结论：3万年前生活在澳大利亚的袋狮是已经灭绝的食肉动物中撕咬力量最大的，其撕咬能力是现存的体型相仿的狮子的3倍。

　　之前有研究称，肉食哺乳动物的脑量越小就留给咀嚼肌更多的空间，令其撕咬力量更大，因此一些科学家就提出了脑量越小的肉食哺乳动物其撕咬能力越大的说法。

奔跑速度最快的动物——猎豹

猎豹奔跑的速度非常快，它们的整个身体结构好像就是为了快速奔跑而特别设计的。它们有轻巧的体格、纤细的腿、窄而深的胸膛、小巧精致而且呈流线型的头部，这些"装备"能使它们的奔跑速度达到95千米/小时。因此，猎豹是陆地上奔跑速度最快的动物。

与其他猫科动物相比，猎豹有着与众不同的特征，如灵活而修长的体格、小巧的头部、位置靠上的眼睛和小而扁平的耳朵。猎豹经常捕捉的猎物是瞪羚（特别是汤氏瞪羚）、黑斑羚、出生不久的黑尾牛羚以及其他体重在40千克以上的有蹄类动物。一只独立生活的成年雄猎豹捕猎一次就可以吃好几天，而一只带着几只小猎豹的母猎豹则几乎每天都要捕猎一次，否则食物就会不充足。猎豹捕食的时候，先是隐蔽地接近猎物，然后在离猎物约30米的地方突然启动，迅速奔向猎物，这种迅速出击的成功率约为50%。

平均起来，猎豹每次奔跑持续约20~60秒，长度约170米。猎豹每次奔跑的距离超不过500米，如果与猎物的初始距离太远的话，它就很难捕到猎物了，这也是猎豹经常捕猎失败的原因之一。一般说来，野生猎豹平均每天要吃大约2千克的肉食。

母猎豹在分娩之前，它们要选择一处地方作为产崽的巢穴，一个突出地面的岩洞或一片生长着高草的沼泽地，都可能被选择用来作为巢穴。猎豹每胎会产下1~6只幼崽，每只的体重约250~300克。母猎豹都是在巢穴里给幼崽喂奶，当它出外捕猎的时候就把幼崽单独留在巢穴里，而雄猎豹是不负责照料小猎豹的。幼崽在前8个星期的时间里都是和母猎豹待在一起的；从第9周开始，小猎豹开始试着吃固体食物；到它们3~4个月大的时候，就会断奶，但是仍然要和母猎豹待在一起；在14~18个月大的时候，它们就会离开母猎豹。

小猎豹们在一起互相玩耍打闹，并且在一起练习捕猎的技巧，它们练习的"道具"是母猎豹捕捉回来的还活着的猎物。当然，如果这个时候它们单独捕猎，就会显得水平非常"业余"。出于安全保障的原因，同胞小猎豹发育到"青春期"之后，仍然要在一起再待上6个月。然后，"姐妹们"都会分离，各自过着自己独立的生活，而"兄弟们"则有可能一生都待在一起。成年母猎豹除了喂养小猎豹的时候和小豹待在一起之外，其余时间都是单独生活，而成年雄猎豹可能单独生活，也可能2~3只组成一个小的团体共同生活。

动物小·知识

猎豹的生活比较有规律，通常是日出而作，日落而息。一般是早晨五点钟前后开始外出觅食，它们行走的时候比较警觉，会不时停下来东张西望，看看有没有可以捕食的猎物。另外一点，它也要防止其他的猛兽捕食它们。

从基因多样性上来说，猎豹的基因多样性水平很低，这说明现代猎豹的祖先在0.6万~2万年前可能是一个比较小的群体，这种遗传基因的单一形态可能会导致幼豹的大量死亡。因为一旦一种病毒找到了某种遗传隐性等位基因的弱点，并且攻克了一只幼豹的免疫系统，该病毒就会通过一些途径传染给其他的小猎豹，而小猎豹的基因序列差不多一样，这样就会攻破一个群体中所有小猎豹的免疫系统，从而导致小猎豹的大量死亡。一项初步研究结果表明，在北美猎豹繁育中心的保护区里，由于猎豹群比较封闭，缺乏与外面猎豹的联系，导致猎豹缺乏遗传基因的多样性，进而导致猎豹群疾病爆发，猎豹生育和捕猎出现困难。这就要求人们要想出某种办法来使保护区里的猎豹走出困境。

　　但是，在完全野生状态下的猎豹与在保护区里的猎豹并不相同，它们的繁殖速度很快。野生母猎豹平均每18个月就生一窝幼崽；如果幼崽过早死亡的话，母猎豹就会很快地再生一窝，根本用不了18个月。在完全野生状态下生长的猎豹群很少暴发疾病，迄今为止还没有猎豹群大规模暴发疾病的报道。另外，野生的成年猎豹能够成功地克服交配和抚育幼豹的困难。因此，猎豹在保护区内出现的种种困难在野生状态下可能并非那么严重，因此并不能证明遗传基因与生育困难有明确的关联。之所以在保护区内出现困难，大概是猎豹对新环境的适应能力不太好。由于人口扩张对猎豹栖息地产生了很大的影响，其他大型猫科动物也对猎豹的生存环境产生了巨大的影响和改变，而猎豹对于这些改变没有很好地适应。

　　对于大型食肉目动物来说，猎豹幼崽的死亡率非常高。现在，人们发现这种高死亡率在很大程度上是由于其他更为大型的食肉动物控制的结果。例如，在坦桑尼亚的塞伦盖蒂草原，狮子经常跑到猎豹的窝里把小猎豹杀死，致使这一地区95%的小猎豹在没有长大独立生活之前就死了。在非洲所有的猎豹保护区里，狮子密度高的地方猎豹的密度就低，这都表明在物种之间存在着某种程度的生存竞争。

　　因此，从食物链上说，猎豹处在食肉目动物的中级，它的种群受到了更大型食肉动物的控制。对于猎豹的保护，仅仅在生态系统中去除其他顶级食肉动物是不行的，因为这样会产生新的生态系统变化。许多专为保护猎豹的国家公园和保护区里已经没有了狮子和斑鬣狗等猎豹的天敌，但是，猎豹的数量仍然没有恢复到安全的水平，其中一个主要的原因就是人类活动的影响，所以还必须把人类的牧场和农田从保护区里撤出来。

世界上最大的老鼠——水豚

　　水豚外表像猪，又善水性，所以有人称它为"水猪"，但实际上它是一种大型老鼠，但它的体型比老鼠要大得多，有豚鼠的100倍，身长超过一米，体重50千克，就像家猪那么大。水豚长1~1.3米，肩高0.5米左右，体重27~50千克。是世上最大的啮齿动物。这种动物性情温驯，以水草和树皮为食，它们好静而不喜欢嬉耍，看上去行动迟缓，但是遇到危险时却能迅速跳进水里逃跑。

　　水豚的皮肤和河马类似，若离开水太久，就会开裂，因此它们也被称为"南美的河马"；同时它们又特别喜欢游泳，能潜在水里好几分钟，并且还能在水底下行走。

动物小·知识

水豚经常3~5只成小群活动，多时聚至20只，吃水生植物、芦苇、树皮等，有时爬上陆地偷吃蔬果、稻米、甘蔗，被人们视为害兽之一。

水豚是用鼻子呼吸的，但它们可在水下潜5分钟之久；水豚还有一种特技，就是在水中睡觉的时候只把鼻子露出水面。黎明和黄昏是水豚们最活跃的时候，炎热的天气里，它们一整天都会待在水里。

水豚通常由20只左右组成一群，它们经常在一起叽叽喳喳，发出各种声音，不过你可不要以为它们是在"唱歌"，它们只是通过声音在交流。

由于水豚的肉可以食用，因此在南美洲的一些地区人们为了得到水豚的肉和皮毛而进行捕猎；同时又因为它们性情温驯，有些人还会将它当做宠物来养。

最贪睡的动物——海象

长长的獠牙和满是皱纹的皮肤，是海象留给人们的第一印象。除了这两个主要特点之外，海象还非常贪睡，它们一生的大部分时间都是躺在冰上度过的，面且在水里也能睡，"最贪睡动物"的称号非它莫属。

海象的长牙除了用来挖掘海底的贝类动物之外，还会在它们上岸的时候，用长牙狠狠地扎进冰壁，再配合鱼鳍一样的前脚，借着光滑的皮肤，一使劲，就"哧溜"一下滑上了冰面。

动物小·知识

海象虽然外形丑陋，但通常是很友善的，只有受到骚扰时才会怒吼、咆哮。一只发怒的海象会袭击一只大船。

海象虽然很贪睡，但长期的生存经验告诉它们绝不能放松对敌人的警惕。因此，海象在休息时总会安排一名警卫员来站岗，一旦发现敌情，它便会大声唤醒沉睡的同伴，或用长牙撞醒它们，并依次传递下去。

海象的血液占身体体重的20%，血液多，含氧量就大，这造就了海象潜水的高超技能。海象一般能在水下潜泳20分钟，下潜深度达500米，个别的甚至创造了下潜1500米的记录，比军用潜艇还厉害。

如果小海象受伤死了，海象妈妈就会千方百计地把它弄到水里安葬。小海象如果被猎杀，海象妈妈则会跟在猎人身后伺机抢回小海象的尸体。要是海象妈妈被捉住的话，小海象也会同样跟随猎人不忍离去。

最有计谋的动物——狐

狐通常称为狐狸，也叫赤狐，属于犬科的一种。它的四肢短小，尾长且蓬松多毛，因此显得更为粗大，尾巴基部有个小孔，能放出一种刺鼻的臭气。世界上共有13种狐，分布于欧、亚及北美等地，生活于森林、草原、半沙漠及丘陵地带，常栖息在树洞或土穴中，傍晚出来活动觅食，到天亮才回家。由于它的嗅觉和听觉极好，再加上行动敏捷，所以能捕食各种老鼠、野兔、小鸟、鱼、蛙、蜥蜴、昆虫和蠕虫等，有时也吃一些野果。有一种生活在北极寒冷地带的北极狐，身体覆有厚厚的皮毛，夏季体毛为蓝色，冬季呈白色，适应性强，以鼠类为食，也吃鱼虾。

动物小·知识

狐狸有一个奇怪的行为：一只狐狸跳进鸡舍，把12只小鸡全部咬死，最后仅叼走1只。狐狸还常常在暴风雨之夜，闯入黑头鸥的栖息地，把数十只鸟全部杀死，竟一只不吃，一只不带，空"手"而归。这种行为叫做"杀过"。

狐狸的耳朵是朝前生长的，这样有利于它搜索前面的声音。狐狸的听觉十分灵敏，它能准确地感知周围的动静，既能发现一些猎物，也能及时逃避敌害。此外，它的耳朵还有一个特殊的用途，能帮助它散发体内的热量。在不同地区生活的狐狸，耳朵的大小也有明显的不同，生活在热带沙漠地区的大耳狐，耳朵比其他地方的狐狸大得多，有利于快速散发热量和降低体温。

而生活在北极严寒地区的北极狐，耳朵特别小，这样可以减少体内热量的散发，从而保持体温。

人们经常用狡猾奸诈来形容狐狸，尤其是在"狐假虎威"的故事里，狐狸的狡猾性格表露无遗。在动物界，狐狸的确有着奸诈的本性。它们在捕捉猎物或逃避敌害时，常常会使出一些令敌人意想不到的计谋。比如在捕食时，两只狐狸会在路边扭成一团打架，但可千万不要以为它们是在真打，它们只是在使用计谋，引诱附近的老鼠和野兔出来看热闹。它们假装越打越起劲，但在野兔和老鼠看得着迷时，却会突然猛扑过去，将猎物逮住。此外，狐狸的狡猾本性还表现在建造洞穴上。它们的洞穴往往有好几个入口，地底下还有好几条地道，有的通往食物储藏室，有的通往育儿室，就像一座地下迷宫。狐狸的警惕性很高、如果有敌人发现了窝里的小狐，它当天晚上就会"搬家"，以防不测。可见狐狸是一种多么有计谋的动物。

狐狸通常被看做偷鸡偷鸭、专做坏事的家伙，其实这也有失公允。狐狸主要是靠捕食昆虫、鼠类和野兔来生活的，而这些小动物对农作物是有害的。它们只是在偶然的情况下才会钻进鸡舍或鸭棚里偷吃鸡鸭。事实上，狐狸是一个捕鼠能手，据统计，一只狐狸一年控制鼠害的面积在2万亩左右，1天最少能捕食3只老鼠，因此它们的功劳还是远远大于它们的过错的。

冬眠时间最长的动物——睡鼠

冬眠是许多动物在生存斗争中适应气候变冷、食物缺乏的一种方法。动物在冬眠期内，伏在窝里不吃也不动，或者很少活动，呼吸次数减少，体温也降低，血液循环减慢，新陈代谢十分微弱，整个生命依靠夏季食物充足时在体内逐渐积累的营养物质，特别是脂肪来维持，所以可以渡过长达数月的冬眠期而不至于饿死。

在许许多多的冬眠动物中，冬眠时间最长的当推睡鼠。它每年有5~6个月的时间处于冬眠状态。据报导，英国有一只睡鼠竟酣睡了6个月23天，可谓是世界上冬眠时间最长的动物了。

睡鼠在形态与构造上，介于鼠科与松鼠科之间，它们的共同特点是：身体小、前肢短、眼睛大、耳朵大而圆、尾巴多毛、有长须、无盲肠。

动物·小·知识

睡鼠有一套奇特的逃遁本领。如果它的尾巴被捉住，它就很快将外层皮肤蜕去，使敌人只得到一点皮毛，而自己则逃之夭夭。

睡鼠是树栖动物，多数筑巢在树洞中。白天在树洞或丛林中睡觉，晚上外出寻找食物。主要吃浆果、坚果、谷粒等物，有时也食一点虫类。吃食时候的姿态象松鼠，席地而坐，手捧食物入口。它的感觉敏锐，行动灵巧，如在地上感到"风吹草动"，立即爬上树顶。

睡鼠的种类较多，欧洲、亚洲、非洲均有分布，并都有冬眠习性。生活

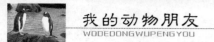

在中欧、西欧各地的普通睡鼠，常被人们饲养为玩物。产于日本的日本睡鼠，它的尾巴比身体长，脊中央有一条黑纹，容易识别。产于欧洲和北非的田园睡鼠，它的尾巴能脱落后再生，这一现象在哺乳动物中是极为罕见的。非洲睡鼠仅分布于非洲大陆，其他地区是没有的。

最凶残的豹——金钱豹

　　在国外，豹是威严、勇敢、坚强和力量的象征，所以有的国家国徽上画着豹，如圭亚那的国徽上画着一对豹；索马里国徽上也分别画着一对豹。与老虎和狮子相比，它们的本事要略逊一筹。例如，金钱豹虽然在捕食方面比老

虎聪明，但却缺少老虎的谨慎和耐心，自以为是，因此常常由于贪食、好杀动物而落入猎人的圈套成了猎物。

动物·小·知识

- -

　　豹的体能极强，视觉和嗅觉灵敏异常，性情机警，既会游泳，

又善于爬树，是一种食性广泛、胆大凶猛的食肉类动物。善于跳跃和攀爬，一般单独居住，夜间或凌晨、傍晚出没。常在林中往返游荡，生性凶猛。

金钱豹是善于捕猎的动物，在所有豹类中，它是最凶残的一种，在森林中目空一切，它不但会袭击像骆驼、长颈鹿那样的食草动物，就连体型比它大一半的山中之王猛虎，它也敢主动攻击，不把老虎放在眼里，横行霸道，成了林中的恶霸。别看金钱豹的躯体比华南虎小，但性情比华南虎还凶恶残暴。它的爬树本领非常高，并常到树上捕食猿、猴和鸟儿，或者潜伏于树杈上一动不动，两眼盯着下面，一旦下面有鹿、野猪或野兔等走过时，便马上跳到它们的背上咬杀对方，把猎物咬得措手不及。更可恶的是，当发现有人追踪时，它会偷偷地爬到树上，潜伏在树枝上，然后出其不意地从树上猛扑下来，把人击倒杀死。

最全能的哺乳动物——貂熊

貂熊别名"月熊"、"狼獾"、"飞熊"，鼬科狼獾属。体长80~100厘米，体重8~14千克，尾长18厘米左右。貂熊头大耳小，背部弯曲，四肢短健，弯而长的爪不能伸缩，尾毛蓬松。其身体两侧有一浅棕色横带，从肩部开始至尾基汇合，状似月牙，故有"月熊"之称。

貂熊体毛长密粗糙，一般为黑褐色，夏季毛色较浅，为棕红色，爪子弯长而尖利。其身体不大，连头带尾长约1米。它们的身体和四肢都比较粗壮，有一条长长的尾巴。别看它们个子不大，性情却很凶猛，也很机警，是小型食肉类动物中最凶悍的一种。它们什么都吃，马、羚羊、驯鹿等一类大型食草动物的雌兽和幼仔都难逃它们的追捕，有时它们还会捕捉狐狸、野猫一类的食肉兽为食，甚至连猞猁都要让它们三分，它们还能拖走比它们体重大数倍的动物尸体。貂熊既善于长途奔走，又善于攀援，有时还会采用从树枝上突然飞降的捕猎方式，加上它们爪牙锐利，力气也大，猎物一般是难以逃脱的。

另外，貂熊还常常偷盗人类的食物，甚至有时候还会偷盗或毁坏人们的器物。在西伯利亚和北美，猎人们狩猎归来，常常发现驻扎地的食物被貂熊盗食，小型用具被盗走或埋在附近，较大件的东西有时被咬破、咬碎。更令人气愤的是，猎人们长途跋涉，辛辛苦苦安装好的捕猎器，常常被它们一个个地毁掉。套中的珍贵毛兽如银狐、黑貂之类，也常被它们吃掉或咬得一文不值，但它们居然能破坏捕猎器而自己从来不入套，所以说貂熊是一种相当狡猾的动物。

动物·小知识

貂熊没有固定巢穴，洞穴多有2个出口，便于遇险逃遁。繁殖时筑巢于树洞、悬崖、石缝中，或占据其他小动物巢穴。属夜行性动物。貂熊生性机警，行动隐蔽，善游泳、攀爬，可在密林中自由跳窜，故又名之为"飞熊"。

除繁殖期外，貂熊大多是单独活动，活动范围很广，溪流、河谷、林地上的冻土及裸岩都有它们的足迹。貂熊栖息在森林苔原和针叶林中，它们自己不挖洞、不搭窝，常借住熊、狐等动物的洞穴，或者以山坡裂缝及石头的空隙为家，有时又栖身在倒木之下或枯树洞之中，真可谓"四海为家"。

有一种貂熊发现小动物时会立即撒尿，用尿在地上画一个大圈，被圈在其中的动物就像中了魔法，费尽全力也难以逃出"禁圈"。更令人惊奇的是，当貂熊在圈中捕食小动物时，就连凶猛的豹和狼等，竟也不敢跨入"禁圈"去争夺，因为貂熊尿液的气味使某些动物闻后发晕、发怵，利用尿液保存食物也是貂熊适应环境的独特方式之一。

在自然界中，貂熊几乎没有天敌，它们的肛门附近有发达的臭腺，具有一定的防御功能。当遇到强大的敌害时，它们会向敌人的脸上喷射带有恶臭的肛腺分泌物，使来犯的敌人嗅到后晕头转向，而貂熊则趁机逃之夭夭。

貂熊属于珍贵动物，现存数量极少，已被我国列为一级保护动物。

最接近人类的动物——猩猩

　　猩猩和大猩猩、黑猩猩、长臂猿统称类人猿。它们具有和人类最为接近的体质特征，并会像人类一样表达自己的情绪，许多行为都与人类非常接近，所以说它们是人类的"近亲"。

　　人类通过镜子认识自己的镜像，令人难以置信的是，在这个世界上，还有两种动物认识自己的镜像，你知道是什么吗？那就是海豚和猩猩，它们都是自然界中的高智商动物。

　　雄猩猩发出的声音非常大，在密林中可以传出1千米远，这能帮助它们确定自己的领土。有时它会拍打着自己的胸脯嗷嗷大叫，似乎在说："我是人猿泰山。"

动物小·知识

　　有些猩猩每天至少会建造一次睡觉的平台，它们会将一些树枝折断并折叠，然后在树的顶部将树枝和嫩枝编织成窝。下雨的时候，它们还会添加额外的一层防雨盖。

　　大猩猩大都健壮魁梧，它们全身覆盖着黑褐色的毛，但有些大猩猩的毛略呈灰色，有些则长着棕红色的毛。别看大猩猩的外表长得粗暴可怕，其实它们性情很温和，不太喜欢争斗。

　　大猩猩非常聪明，它们与人类一样有情绪，包括爱、恨、恐惧、悲伤、喜悦、骄傲、羞耻、同情及妒忌等，被搔痒时甚至会哈哈大笑。

　　黑猩猩制造工具的本领特别强大。它们会找来小树枝，将小树枝上的叶子拔除后，插入白蚁洞中，引诱白蚁爬到树枝上，再抽出树枝慢慢享用美味的白蚁。黑猩猩还能将树叶咬至柔软后浸水，然后饮用。

最小的哺乳动物——鼩鼱

　　鼩鼱是哺乳动物中最原始的一类，它的样子有点儿像老鼠。鼩鼱的体长仅为4~6厘米，可以说是世界上最小的哺乳动物了。鼩鼱是一种独居的动物，主要以昆虫为食，对农业能起到一定的保护作用。

　　如果鼩鼱遇到敌害无法逃脱，它会立即将背隆起，发出尖锐的吱吱声；有时还会躺在地上，伸出四脚，并发出断续的叫声，以便吓退敌害或者请求救援。

　　别看鼩鼱的个头不大，可它的胃口却不小呢！它一天到晚总是不停地吃，每天至少得吞进同自己体重一样重的食物。如果食物丰富，它甚至一天能吃下相当于自己体重3倍的食物。

动物·小·知识

科学家曾经做过实验，将鼩鼱唾液腺分泌出的液体，注射进老鼠体内，很快就会引起老鼠的生理变化，血压降低，心脏跳动变慢，呼吸也发生困难。不到1分钟，毒液发作，老鼠便进入瘫痪状态。

鼩鼱是生命力很旺盛的动物，每年的3~11月，它们都会大量繁殖。但是鼩鼱的生命很短促，只能活14~15个月。

鼩鼱的腭下长有唾液腺，能分泌出一种毒液。如果人不小心被它咬上一口，伤口就会发热肿大，几天后才能消失。小鼩鼱正是用这种武器来捕获食物的，小动物若被咬伤，将顿时失去知觉，成为鼩鼱的美餐。

最小的猴——指猴

指猴头部圆而阔，颜面部较短，口鼻部突出，很像狐狸。眼睛从头部鼓胀出来，如同树蛙的眼睛，说明它很适于夜行。一对类似于蝙蝠的黑色大耳朵上生有稀疏的毛，十分好动，具有良好的听觉。体毛暗褐色，由短软的绒毛和粗长的护毛组成，吻部和身体的下部为灰白色。它不仅体毛蓬松，尾巴上的毛更为粗密，甚至比狐狸的尾巴还粗，呈刷状，很像西方神话中所描述的巫婆的扫把。前肢粗大，骨瘦如嶙的手指长得十分奇特，尤其是前肢疙疙瘩瘩的第三掌骨的构造最为特殊，又细又长，使中指既灵活，又柔软无力，不适于握物，却适于刺探和抓挖。除了在大足趾上有扁平的趾甲外，其余手足的指（趾）上都生有爪。

指猴的门齿高度发达，与啮齿动物的门齿很相像，由于这一特征，再加上它那条蓬松的大尾巴看上去又很像松鼠，所以在1780年法国探险家第一次见到指猴时，还以为它是松鼠的一种，并将它划分到啮齿类中，就连它的学名也被定为"马达加斯加松鼠"。直到1860年，经分类学家进行解剖学的分类研究，才将其重新确定为灵长类动物。

指猴仅分布于非洲马达加斯加岛东部及西北部沿海的森林地带，是一种性情孤独的夜行性动物。它的巢为圆形，直径可达60厘米，开口在侧面，大多建在椰子树等高大树木的顶端，距地面10~15米。巢是指猴用牙齿将带有树叶的树枝进行切割，再相互交叉搭筑而成的，每个巢窝可以居住很多年。指猴以可可、椰子、芒果、荔枝等各种水果、坚果，以及小型昆虫或幼虫等为食，有时还吃鸟卵，但却不吃大型昆虫。大多数情况下，它的举止相当安静，但在进食的时候，则毫无斯文可言，像凿子一样尖利的牙齿可以很快地将椰子的顶部咬开，然后大口地咀嚼着，果汁四溢，口水横流。它能用中指像啄木鸟一样在树干上取食。指猴的动作敏捷，运动方式属于四足型，下到地面时，就四肢一起蹦跳着前进。活动了一夜以后，到天亮之前又回到舒适的巢窝中。

指猴虽然身体弱小，却有相当强的自卫能力，如果遇到侵犯，它就会强烈地反抗，愤怒的指猴这时常发出像金属刮玻璃一样难听的声音来保卫自己的领地。

 动物小·知识

指猴的样子酷似一只小狐狸，尾巴蓬松且长，嘴尖，大耳竖立。它的最大特点是中指细长，如铁丝一样，名字也因此而来。

指猴的生殖高峰在2~3月份，雌兽每隔2~3年才繁殖1次，妊娠期长达140天，是低等的原猴类中怀孕期间最长的一种，大多于10~11月份生产，每胎仅产1仔。在大多数灵长类动物中，雄兽的体型都比雌兽要高大一些，而且通常会统领雌兽。但是指猴雄兽和雌兽的体型却相差无几，所以有时雌兽遇到雄兽的时候还略占上风，甚至会让雄兽作出屈辱的样子，或者在讨厌的时候随时将雄兽赶走。发情的雌兽常倒挂在树上，雄兽也倒悬着，并抓住雌兽的腰部，让全部重量都落在雌兽的身上，交配的时间长达1~2个小时，比其他灵长类动物长得多。不过此时如果有其他雄兽介入，雌兽也会与之交配。雌兽的1对乳头并不是长在胸部，而是位于下腹部的腹股沟，位置如此之低，在灵长类中也是比较罕见的。

自从第一批人类定居者于1500年前到达马达加斯加岛来，为了自身的生存而对森林进行了大规模的砍伐和焚毁，使原本茂密的森林资源很快就接近荒芜的程度，约有85%被砍掉，开垦为农场和放牧用地，导致岛上土壤侵蚀和水土流失非常严重，大部分有机物流失一空。所剩无几的森林也受到了严

重威胁，林中栖息的大约30种猴类大多到了灭绝的边缘。另一方面，人口却在不断地膨胀，数量以每年2.1%的速度持续增长，成为世界上人口增长率最高的地区之一。由于指猴被当地的人们所厌恶，这也许是它的长相实在古怪，尤其是它的眼睛在黑暗中常常像魔鬼一样闪出幽幽的光芒，行动时一跳一跳如同鬼怪，它的出现被当作不祥之兆，它的命运比起其他猴类更为悲惨。在当地还有一种迷信的传说，如果指猴跳到你的身上，或用它那长长的中指指着你，你就非死不可，而且死得很快、很惨，所以人们对指猴又恨又怕，如果遇到，就会将其杀掉，并且把尸体钉在十字路口的木桩上，以期某个路过此地的人看见后会把霉运带走。这样，由于人类的大量杀害，指猴数量不断减少。到1500年后，印度尼西亚等外来人登上该岛，开始大规模砍伐森林，将林地变为农场、牧场等，使这里的森林面积在很短的时间内只剩不足原先的20%，野生动物的栖息地逐渐消失了。到了20世纪60年代，指猴已很难再见到。

最耐饥渴的动物——骆驼

骆驼是偶蹄目骆驼科骆驼属两种大型反刍哺乳动物的统称，分单峰驼和双峰驼。单峰驼只有一个驼峰，双峰驼又称大夏驼，有两个驼峰。单峰骆驼比较高大，在沙漠中能走能跑，可以运货，也能驮人。双峰骆驼四肢粗短，更适合在沙砾和雪地上行走。骆驼和其他动物不一样，特别耐饥耐渴。人们能骑着骆驼横穿沙漠，所以骆驼有着"沙漠之舟"的美称。

 动物小·知识

在12月份公驼发情的季节，人们发现，在这个季节公驼追赶母驼或追逐骑马人的速度，远远超过平时的速度，每小时可达70~80千米，一般的骏马根本赶不上它。

骆驼的忍饥耐渴能力非常强，它的驼峰里储存着大量的脂肪，这些脂肪在骆驼得不到食物补充的时候，能够分解成它身体所需的养分，以供其生存所需。另外，骆驼的胃里有许多装满水的瓶子状的小泡泡，因此骆驼即使数十天不喝水，也不会有生命危险。除此之外，骆驼巨大的口鼻是保存水分的关键部位，据计算，骆驼的这种特殊的口鼻可使它比人类呼出温热气体节省70%的水分。

通常骆驼体温升高到40.5℃后才开始出汗。夜间，骆驼往往将自己的体温降至34℃以下，低于白天的正常体温。第二天，骆驼的体温要升到出汗的温度点以上需要很长的时间。这样，骆驼极少出汗，而且很少撒尿，节省了

体内水分的消耗。

　　有意思的是，骆驼既能"节流"，也注意"开源"。它的胃分为三室，前两室附有众多的"水囊"，有储水防旱的功效。所以，它一旦遇到水，便拼命喝水，除可以把水储存在"水囊"中外，还能把水很快送到血液里储存起来，慢慢地消耗。

　　骆驼在沙漠中长途跋涉需要储备足够的能量。骆驼驼峰中储藏的脂肪相当于全身重量的1/5，当找不到东西吃时就靠驼峰内的脂肪来维持生命。同时，脂肪在氧化过程中还能产生水分，提供生命活动所需要的水。所以说，驼峰既是骆驼的"食品仓库"，又是它的"水库"。

最小的马——歇特兰小马

　　歇特兰小马是世界上最小的马，歇特兰小马一般的体高是110厘米左右，最大的歇特兰小马的体高也不过是是116．8厘米。这种小马以其产地歇特兰群岛而得名。

　　歇特兰群岛位于苏格兰北部约160千米、距北极圈563千米的大洋中。岛上的自然条件相当恶劣，气候十分寒冷，植被稀少，峻岩崎岖，耐寒而强壮的歇特兰小马就是在这种严酷的自然环境中孕育的。

动物小·知识

　　1972年，美国一家俱乐部设立了"美洲小种马饲主协会"，制定了若干章程，其中规定小种马的体高以86厘米以下为限。

　　在18世纪后期，这种小马随着英格兰移民传入美国，被专门保留供儿童乘骑，并得以维持了相当纯的血统。1888年在美国成立了"美洲歇特兰小马俱乐部"，更是有计划地提高了精心培育的兴趣和热情。迄1972年，已注册的小马超过13万匹，并以每年平均注册2000匹的数字增长。

　　私人培育小种马的团体是"阿根廷法拉贝拉养马会"。法拉贝拉家族早在1868年就开始培育小种马，至1946年始育成了能够自行繁殖而稳定的新马种。至今仍是世界上独家经营歇特兰小马的私人团体，拥有约400匹纯种的小马。自1962年起，大多数由美国定购。由于这种小马温驯可爱、小巧伶俐，容易饲养和调教，如今已是人们宠爱的珍品，成为各国竞相选购甚至以特产动物交换的对象。每年约有100~150匹2岁左右的成年小马，通过空运或海运输向世界各地。例如，在英国、荷兰、日本等国的皇室御苑，以及一些富豪的宅第别墅，这种以其体型小而升格的马类贵族，备享殊荣。这一支系的歇特兰小马又以法拉贝拉小马而闻名于世，迄今记载的最小体高仅38.1厘米，其体重仅9.07千克。

美国还有几户专门收集和培育小型马的育种家。他们另辟蹊径，从其他马种中选育或通过杂交方式，育成了另一些支系的小型马。有些高仅50.8厘米，体重仅14.9千克。

据我国古籍记载中，也提到有一种小型马，称"果下马"。其意是"乘之可通行于果树下，高不逾3尺"。此外，我国西南川康山区所产的马，似应列入世界小型马之列，其体高也在1/3米上下，且体型骏美轻盈，善驰崎岖山路。如能重视发展，必将不容法拉贝拉小马专宠于世。

最大的牛——野牛

　　野牛的体型十分巨大，其体长一般约为200厘米，体重一般约为1500千克。野牛的两角粗大而尖锐，呈弧形；它的头额上部有一块白色的斑；肩部到前背则有一个像瘤子一样的隆起。野牛的体毛一般呈棕褐色、黑色，四肢膝盖以下的毛则呈白色，故又有"白袜子"之称。

　　世界上现存野牛中体型最大的种类是非洲野牛。非洲野牛是食植动物，它主要分布在沼泽、非洲的平原以及草场和森林的主要山脉。非洲野牛喜欢栖息在被植物密集覆盖的地方，如芦苇和灌木丛，有时候也会在开放的林地和草地生活。

动物小·知识

发现有人接近的时候，野牛会迅速逃走。只有在被人射杀受伤或被逼走投无路时，野牛才会变得凶狠，对人进行攻击。

野牛常栖息于热带、亚热带阔叶林、竹林或稀树草原，通常每群10余头。一般在晨昏活动，也有的在夜间活动。嗅觉灵敏，性情凶猛，遇见敌害时毫不畏惧。以各种草、树叶、嫩枝、树皮等为食。4岁时性成熟，交配期一般在9~10月份，孕期9个月左右，每胎1仔。

野牛有"老牛舐犊"的天性，母牛为了表达对孩子的喜爱，总是在小牛犊身上舐来舐去的。其实不仅是母牛爱舐小牛犊，公牛也会舐它们，以表示父爱。

最大的老虎——东北虎

　　东北虎也称西伯利亚虎，是所有猫科动物中体型最大的，体重可以达到350千克。它们大多生活在中国的东北，国外则见于西伯利亚。每头东北虎都拥有自己广阔的领地。它们主要在夜间活动，白天则在岩石间和草丛中休息。东北虎居无定所，在自己所管辖的领域内巡游，碰到狼就会把它赶走。

　　东北虎体型较大，头圆，耳短，四肢粗壮有力。东北虎的毛长并且稀疏，色较浅，黑纹窄，每两条靠近在一起。东北虎的面颊呈白色，眼上方有一白色区，故有"白额虎"之称。

　　东北虎是夜行性动物，它一般白天睡觉，午夜休息；日落以后、日出以前最活跃。

　　东北虎天生是一个流浪者，无论是成年虎，还是幼虎，在一年中的大部分时间里，它们都是四处游荡，独来独往的，只是到了每年冬末春初的发情季节，成年雄虎才开始筑巢，迎接雌虎。不过，这种"家庭"生活并不能维持太久，过不了多长时间，雄虎就会不辞而别，产崽、哺乳、养育的任务全部落在了雌虎的身上。雌虎度过3个月的怀孕期后，就会在春夏之交或夏季产崽，每胎多有2~4个幼崽。雌虎生育之后，性情变得特别凶猛、机警。

动物小·知识

　　为了争夺食物，东北虎总是把恶狼赶出自己的活动地带。东北人外出时并不害怕碰见东北虎，而是担心遇上吃人的狼。人们赞誉东北虎是"森林的保护者"。

东北虎拥有矫健有力的身体、聪敏的智力、敏锐精准的感觉器官，虎爪有6厘米长，这样的利器可以轻而易举地将猎物开膛破肚，而它的牙齿最长可以达到10厘米，这么长的牙齿让它在进食时会很方便。东北虎常以伏击战来捕捉猎物，得手以后要么一口将猎物的喉咙咬断，要么虎掌一挥将猎物的颈椎硬生生折断，接下来就可以慢慢享用了。运动中的东北虎形态健美得令人赞叹，如同在陆地上滑行，动作流畅。东北虎身上极少见到脂肪，粗壮的骨骼上连接大块的肌肉，肌肉纤维也很粗，这正是它力大无比的原因。

此外，东北虎还有聪敏的智力，它们进出巢穴不留一点痕迹，而雌虎在出去觅食时，也不忘保护幼崽，总是小心谨慎地先把虎崽藏好，防止被发现。当它回窝时，通常都不走原路，而是沿着巢穴附近的山岩溜回来，检查是否有敌人在附近。

东北虎在食物链中处于顶层的王者地位。它们生性内向、孤独、多疑、凶猛，在丛林中出没无常，而且食量极大。据调查，在一只东北虎的领地内，必须存在不少于150~160只野猪和180~190只鹿才能保证这位"丛林之王"的生存。

第二章

鸟类之最

　　在自然界里，鸟是所有脊椎动物中外形最美丽，声音最悦耳，深受人们喜爱的一种动物。从冰天雪地的两极到世界屋脊，从波涛汹涌的海洋到茂密的丛林，从寸草不生的沙漠到人烟稠密的城市，几乎都有鸟类的踪迹。而它们自身也有着各种不同的本领和特性。让我们一起去看看吧！

飞行距离最远的鸟——北极燕鸥

　　北极燕鸥体态优美，是惟一永远生活在白天的鸟，被人们尊为北极的神物。北极的夏天，它们在那里快乐地繁衍生息；到了冬天，它们便开始了长途跋涉，从北极飞到南极越冬。北极燕鸥轻盈得好像会被一阵狂风吹走似的，然而它们却能在南北两极进行令人难以置信的长距离飞行。

　　北极燕鸥是一种候鸟，它的迁移路线是已知的动物中最长的。当冬季来临时，沿岸的水结了冰，北极燕鸥便出发开始长途迁徙。它们一直向南飞行，越过赤道，绕地球半周，来到南极，在这儿享受南半球的夏季。直到南半球的冬季来临，它们才再次北飞，回到北极。这是一次长达38625千米的旅行。北极燕鸥是世界上远程飞行记录的保持者，它一生可以飞100万千米以上。

动物·小·知识

北极燕鸥不仅拥有非凡的飞行能力，而且争强好斗，勇猛无比。虽然它们内部邻里之间经常争吵不休，大打出手，但一旦它们遭遇外敌入侵，则立刻抛却前嫌，一致对外。

北极燕鸥的巢通常很简陋，随便在沙地里挖个小坑就行了，有时也铺一些树枝和草叶。由于北极燕鸥的蛋上有许多斑纹，看起来和周围的沙砾非常相似，所以不易被发现。

北极燕鸥捕食海鸠，尤其喜欢吃海鸠的蛋和雏鸟，有时也会吃成年的海鸠。北极燕鸥经常会在海面上空做超低空盘旋，等待潜水捕鱼的海鸠冒出水面时，便乘其不备，吞而食之。

最大的鸟——鸵鸟

鸵鸟是现存的体型最大的鸟，同时也是惟一的二趾鸟，生活在非洲的热带沙漠和草原地区。这种鸟高高的个头使得它们能及早发现逼近的侵略者。鸵鸟虽有翅膀，但是不能飞翔，反而善于奔跑，其飞奔的速度每小时可达70千米。鸵鸟常结成5~50只一群生活，与食草动物相伴。雄性鸵鸟站立时大约有2.5米高，体重达150千克。雌性鸵鸟稍小一些。要是让它们站在你的家里，它们的脑袋几乎可以碰到房顶！

鸵鸟沉重的身躯阻碍了飞翔，但它们不能飞翔的重要原因是它们没有飞羽和尾羽，更没尾脂腺，羽毛平均分布在体表，飞翔的器官已高度退化。

由于鸵鸟在干热缺水的环境下快速奔跑对自己十分不利，因此它们干脆将长脖子平贴于地面，身体蜷曲成一团，以自己暗褐色的羽毛伪装成岩石或灌木丛，这样就不易被敌害发现。特别是未成年的鸵鸟，最喜欢采用这一姿势。如果此举不灵，只要敌人一走近，它们便马上一跃而起，甩开大长腿迅速跑开。

进入繁殖期的雄鸵鸟身着盛装，养精蓄锐，以便在求偶决斗中取得胜利，或者在求偶表演中获得雌性的青睐。鸵鸟一旦找到配偶，就多年保持不变。

动物小·知识

由于鸵鸟啄食时必须将头部低下，很容易遭受掠食者的攻击，所以在觅食的时候时不时的抬起头来四处张望。

鸵鸟蛋是鸟蛋中的巨无霸，每枚蛋直径长15~20厘米，重1~1.8千克。而且，鸵鸟蛋的质地十分坚硬，蛋壳有2毫米厚，即使一个成年人站在上面，也不会把它踩破。

在鸟类王国中，雄鸵鸟在疼爱儿女方面可称得上是十分称职的爸爸。在繁殖季节，雄鸵鸟不但要筑巢，而且孵卵的任务也主要由雄鸵鸟承担，而雌鸵鸟孵卵的时间却很少。这是因为雄鸵鸟的体色比雌鸵鸟的体色深，不容易被敌害发现。

千万不要被鸵鸟呆呆的外表所蒙骗，其实它们很懂得保护自己。当它们在草丛中集体觅食时，会运用"交叉进食"的战术：一些鸵鸟低头进食的时候，另一些鸵鸟就会昂首挺胸地观察四周，警惕着随时可能偷袭的敌人。互相交换着吃饱了肚子，它们还会再吃一些沙子，因为它们没有牙齿，所以只能借助吞下的沙子来帮助消化。

最大的飞鸟——安第斯秃鹰

　　安第斯秃鹰又叫康多兀鹫，也有人叫它"安第斯神鹰"、"安第斯兀鹰"、"安第斯山鹰"和"南美神鹰"，这是因为此鸟是鹰科大家族的成员。

　　在世界现存的鸟类中，除了极少数只会走、不会飞的种类以外，大多数属于飞行鸟类。科学家经过长期观察、测量，确定安第斯秃鹰是数量众多的飞行鸟类中的"巨人"。据记载，最大的一只安第斯秃鹰，两翅展开达5米宽，被人们称为"难以相信的巨鸟"。当然，这是一个很特殊的纪录。一般的安第斯秃鹰体长100~130厘米，体重8~1.5千克，两翅展开的宽度为3米，确实是鸟类中的庞然大物，它也是世界上最大的猛禽。

　　安第斯秃鹰不仅是世界上最大的飞鸟，还是世界上飞得最高的鸟类之一。有人做过测定，它的平均飞行高度为海拔5000~6000米，最高时在8500米以上。体重那么大的巨鸟，能够飞得如此高，真是了不起。

　　安第斯秃鹰的外貌像绅士般优雅，头顶长着一个高高的大肉冠，宛如一顶礼帽。它的虹膜为红色，头、颈部裸露，呈灰黑色、黄色或粉红色，颈下部配有白色的翎饰，颇像大衣的领子。体羽主要为黑色，翅膀上有灰白色的覆羽，颈部有显著的白色皱领。雌鸟羽色与雄鸟相似，但没有冠和肉垂。

动物小·知识

　　生活在海岸的秃鹰食用死去的海洋动物，例如海豹或者鱼。这种鸟类没有利爪，不过有时候它们会袭击鸟巢获取卵甚至幼鸟。

因为安第斯秃鹰爱吃腐尸，所以在鸟中素有"清道夫"之称。它们一旦见到骆驼或牛羊的死尸就会先在它们的上面盘旋，然后再渐渐地飞向低空饱餐一顿。一顿饱餐之后，安第斯秃鹰可以连续两个星期都不再出来觅食，但它们有时也会因吃得太多而被猎人抓住杀掉。

大多数鸟类学家猜测，安第斯秃鹰之所以爱吃腐尸，是因为它们具有庞大的身躯、良好的视力。可惜，它们的爪子并不尖利，因此很难牢牢地抓住猎物。安第斯秃鹰除了经常吃一些动物的尸体外，也会吃些鸟蛋。但一般情况下，它们是不亲自捕食猎物的。也有一些鸟类学家认为，安第斯秃鹰不仅仅以尸体为食，它们偶尔也抓捕一些活的动物，其中就包括牛犊大小的兽类。因为它们常常袭击安第斯山脉高原上的牲畜，尤其是那些害病或受伤的牲畜，所以山地牧人很是仇视安第斯秃鹰。为了不让安第斯秃鹰接近羊群，山地牧人必须一刻不得放松地防备着秃鹰。

一般情况下，普通的安第斯秃鹰可以活到50岁，但安第斯秃鹰中也有"老寿星"。例如，1950年初，北京动物园曾饲养过两只安第斯秃鹰，现在有一只依然存活着。伦敦动物园也曾从南美引进一只安第斯秃鹰，它竟然整整活了73岁，创造了安第斯秃鹰寿命的最高纪录。

安第斯秃鹰刚孵出的幼雏羽毛呈灰色，要一年后才能起飞，此后仍需哺乳几个月才能彻底脱离母亲的怀抱。因为雌鸟每3年才生产1个蛋，所以安第斯秃鹰繁衍后代的能力很低，现在情况更是不容乐观。总之，由于各个方面的原因，安第斯秃鹰的数量在逐年减少。

最小的鸟——蜂鸟

在美洲大陆的原始森林里，栖息着一种袖珍鸟类——蜂鸟。这是世界上最小的温血动物，体重仅有2~3克。

蜂鸟飞行时能像蜜蜂一样连续而快速地拍打翅膀，同时发出嗡嗡的响声，加上它体形小巧，看上去就像大黄蜂在空中飞行，因此人们给它起名为"蜂鸟"。

蜂鸟有着很突出的飞行特点，它能固定在空中某处长时间盘旋。众所周知，鸟类在向前飞行时，会通过拍动翅膀产生一种上升力和推力，从而使自己能够上升和前进。蜂鸟除了拥有这种本领外，它的翅膀还能向后旋转，从

而产生一种向下的力和向后的推力。就这样，蜂鸟通过不断向前和向后交互拍动翅膀，上下、前后的力量相互抵消，因此便可以在采食花蜜时在花朵旁做长时间的悬飞。

蜂鸟的食量很大，它们每天要吃进的食物相当于自身体重的2倍。蜂鸟的食量之所以这么大，是因为它在飞行时高速扇翅要消耗非常大的体力。除此之外，蜂鸟的新陈代谢率很高，大约相当于人的50倍。动物学里有一个规律，即动物的个体愈小，它身体上的相对散热面积就愈大。由于蜂鸟是世界上个体最小的鸟，因此它也是鸟类中散热最快，新陈代谢最强的种类。为了保证有足够的能量摄入，蜂鸟需要进食大量的食物。

动物·小·知识

在所有鸟类中，蜂鸟是惟一可以向后飞行的鸟。蜂鸟也可以在空中悬停以及向左和向右飞。

蜂鸟的嘴又尖又细，相对很长，很容易插入花中采食。有一种剑嘴蜂鸟，它的头和身体加在一起都没有它的嘴长。如果人嘴的长度在身体中占的比例跟蜂鸟一样，那么。我们就可以不移动身体而吃到2米以外的食物。蜂鸟的舌头要比嘴还长4~5倍。它们的舌呈管状，像我们喝汽水时用的吸管。当它们悬停在花朵前，把嘴插进花朵时，舌头便从嘴中伸出。它们长长的舌头可以一直伸到花基部的蜜腺上，然后像喝汽水一样吸取花蜜。还有些蜂鸟，它们的舌头尖尖的像一根针，这让它们不仅能吸食花蜜，还能从树皮下挑出昆虫吃掉。

蜂鸟之间的通讯联络是通过视觉展示进行的。雄鸟有时会抬起它五彩缤纷的颈部，从左到右不断地晃动脑袋，同时发出尖叫声。雌鸟和小鸟通常会站在树枝上张开尾羽炫耀上面的白点。一只蜂鸟有时会在另一只异性鸟的面前做快速的穿梭式飞行，一会儿向前，一会向后，同时还忘不了展开颈部和尾巴给对方看。

雄鸟的尾巴十分独特，只有4根羽毛，中间2根呈穗形，两旁伸展着2根长羽毛，顶端长着一撮羽毛，看上去就像是一面小团扇。繁殖季节到来时，雄鸟摆动起长长的双尾羽，互相缠绕，同时两根侧羽也舞动起来，发出哒哒的声音，犹如跳求爱舞。

雄蜂鸟的领地意识很强，一旦有其他动物进入它的领地，雄蜂鸟会立刻对它们发起猛烈攻击。不过，由于体型的原因，雄蜂鸟一般不会去攻击大型的入侵动物。比如，如果有蝙蝠入侵蜂鸟的领地，雄蜂鸟便会毫不犹豫地对它发起猛烈的攻击。但如果遇到的是大型入侵动物，雄蜂鸟一般只在它们身后噪叫，而很少发生"肉搏战"。

蜂鸟实行的是"一夫多妻制"，对飞临自己领域的雌蜂鸟，雄蜂鸟会殷勤相待。雌蜂鸟在跟雄蜂鸟交配后，就飞出雄蜂鸟的领域，单独建巢、产卵、孵化和育雏；雄蜂鸟则在自己的领域内继续炫耀飞行，等待其他雌蜂鸟光临。很多雌蜂鸟在一个繁殖季节里可以交配2次，建造2个巢。

翼展最长的鸟——漂泊信天翁

　　漂泊信天翁的翼展是鸟类当中最长的。漂泊信天翁的翅膀狭窄、扁平、重量很轻，非常适合在风中翱翔和高速滑翔。漂泊信天翁飞行的速度非常快，它们能以55千米/小时的速度飞行数百千米，其短距离飞行甚至可以达到88千米/小时的速度。

　　漂泊信天翁的寿命很长，它能活到50岁或者更长。漂泊信天翁6~8岁时才达到性成熟。

　　雌性漂泊信天翁的体型较小、较轻，这有利于它们利用较小的风力保持最大的滑翔速度，因此，雌性漂泊信天翁能比体型较大、较重的雄性漂泊信天翁飞到更远的北方觅食，而雄性漂泊信天翁在风力较大的亚南极地区精力更充足。这样，每一对漂泊信天翁都要急速飞过大片的混合区域去求偶或筑巢，每次旅程都要超过1.3万千米。

动物小·知识

　　漂泊信天翁的幼鸟一旦获得了飞行能力，就会一直飞下去，直到在成年之后准备产卵繁殖，而这个过程往往需要10年之久。

　　漂泊信天翁最爱吃的食物是深海鱿鱼，除此之外，它们还是食腐动物。所以，漂泊信天翁经常会跟着垃圾船或者捕鱼船，以捡食人们丢弃的残余物。由于漂泊信天翁经常误食捕鱼船抛出的带有钓钩的饵料，所以，每年都有大量的漂泊信天翁溺水而死，从而使得这种鸟类面临种类灭绝的威胁。

最有耐心的鸟——苍鹭

苍鹭是一种稳定性极佳的鸟类，它们不论是觅食这是休息，始终都保持不慌不忙的态度。它们主要在浅水区觅食，捕食时，苍鹭可以数小时站在一个地方等候猎物，被称为"长脖老等"。

苍鹭背部和尾部呈苍灰色，下体白色，缀以许多黑色的纵斑，由4根细长的羽毛形成羽冠，头顶和枕部两侧各有两条，样子就像黑色的辫子。

苍鹭捕食时，站在浅水里一动不动，等鱼群游近了，它便像闪电一样迅速叼住小鱼。如果鱼群不游来，它会站在水里数小时也不动一下，耐性极好。

动物小·知识

苍鹭飞行时两翼鼓动缓慢，颈缩成"Z"字形，两脚向后伸直，远远的拖于尾后。晚上多成群栖息于高大的树上休息。叫声粗而高，似"刮、刮"声。

由于性格孤僻，苍鹭平时都是成对或成小群活动，只有到冬季迁徙时期才会集成大群，有时甚至还与白鹭混在一起。不过通常在南方繁殖的苍鹭为留鸟，不进行迁徙。

雌性苍鹭在繁殖期，通常每隔1天产一枚卵，每窝产3~6枚。刚产出的卵呈蓝绿色，之后会渐渐变为天蓝色或苍白色，通常第一枚卵产出后即开始由雌雄鸟共同孵化。

最小的猛禽——白腿小隼

白腿小隼是世界上最小的猛禽，它的体长约为17~19厘米，体重约为50克左右。

白腿小隼的头部和整个上体，包括两翅都是蓝黑色。它的前额有一条白色的细线，这条白色的细线沿眼部先往眼上与白色眉纹汇合，再往后延伸与颈部前侧的白色下体相汇合。白腿小隼的颊部、颏部、喉部和整个下体都是白色。白腿小隼的尾羽是黑色，只有外侧尾羽的内缘具有白色的横斑。白腿小隼的虹膜呈亮褐色，嘴呈暗石板蓝色或黑色，脚和趾呈暗褐色或黑色。

动物·小·知识

白腿小隼主要以昆虫、小鸟和鼠类等为食，常栖息在高大树木上或成圈地在空中飞翔寻觅食物，如果发现昆虫，就会即刻捕食，如果是小鸟、蛙等较大的食物，则带到栖息地后再吃。

白腿小隼主要分布在海拔2000米以下的落叶森林和林缘地区，尤其是林内开阔草地和河谷地带，不过，有时候白腿小隼也会在山脚和邻近的开阔平原出现。

白腿小隼常成群或单个在山坡高大的乔木树冠顶枝上栖息。白腿小隼的繁殖期一般为4~6月，它通常在啄木鸟废弃的洞中筑巢，每窝产卵3~4枚。

最有纪律的鸟——大雁

　　大雁又称野鹅，属鸭科，是雁属鸟类的统称，全世界共有9种雁。它们体形较大，嘴的基部较高，长度几乎和头部相等，上嘴的边缘有强大的齿突，嘴甲很大；颈部粗短，翅膀长而尖，尾羽16至18枚；体羽大多为褐色、灰色或白色。大雁喜欢栖居在湖泊、沼泽等地。它们既能在空中飞翔，又能在水中漂游，喜欢吃藻类，也喜食鱼虾、蛙类及昆虫等。

　　大雁是出色的空中旅行家。每当秋冬季节，北方天气变冷，河流结冰，不利于觅食的时候，它们就会从老家西伯利亚出发，成群结队、浩浩荡荡地飞到我国南方地区过冬。到第二年春天，它们又飞回西伯利亚产卵繁殖。

动物·小·知识

科学家发现，大雁排队飞行，可以减少后边大雁的空气阻力。

这启发运动员在长跑比赛时，要紧随在领头队员的后面。

大雁每年都要迁徙，迁徙时，总是几十只、上百只甚至上千只聚集在一起，列队飞行。它们的集体意识很强，飞行时总有一只有经验的老雁在雁群最前面带队，幼雁排在中间，队伍末尾还会有一只老雁压阵。在长途旅行中，雁群的队伍组织得十分严密，常常会排成"人"字形或"一"字形，秩序井然。它们一边飞一边不断发出"嘎——嘎——嘎"的叫声，这种叫声是呼唤同伴、互相照顾、起飞和停歇等的信号。每当夜晚在地面休息时，总要派出一只老雁站岗放哨。一有动静，放哨的老雁就会发出叫声，呼唤同伴立即起飞远离危险。每天清晨起飞前，大雁又会群集在一起，先开个"预备会议"，然后才起飞，开始新一天的旅程。

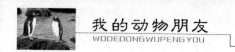

最艰难的孵卵——帝企鹅

帝企鹅是17种企鹅当中最大的、也是惟——种在南极的冬季孵卵的企鹅。其他诸如鸵鸟之类的鸟有更长的孵化期，但是它们雌雄之间会分担责任，而且会离开巢穴去觅食。然而雄性帝企鹅自始至终都会坐在一个蛋上，整个孵化过程需要62~67天。

它的孵化期是在3月下旬或4月初于南极海洋上的冰块上开始的，在经历了海上整个夏季的觅食活动后，这时好几万只企鹅会聚集在一起求爱、交配。到卵被产下的时候为止，大约50天过去了——在这期间企鹅什么也不吃。后来，由于海里的结冰面积不断增大，离原来所处的地方越来越远了，因此所有的雌性帝企鹅开始回到海里觅食，雄性帝企鹅则必须紧紧用脚掌握住它的卵，并且用像羽毛一样柔软的育儿袋覆盖住它。雄性帝企鹅会聚集在一起度过南极的寒冬。

动物·小·知识

帝企鹅是海底猎食高手，能潜入450多米深的水中，并在水里闭气45分钟。

两个月过去了，卵孵化出来了。刚孵出的小企鹅待在育儿袋里，几天后雌性帝企鹅开始出现，代替雄性企鹅照料小企鹅。在这之前，雄性帝企鹅除了吃点雪，已经大约120天没有进食了。现在它们终于可以自己去觅食了，但是这个时候，它们会面临一个问题，海水现在已经离它们大约有100千米远了。

最稀有的鸟——朱鹮

　　朱鹮是东亚特有的一种美丽而高雅的大型鸟类。由于它们是现今地球上数量最少的鸟类，所以，在国际上被认为是世界最稀有的鸟类之一，并且已被列入了濒危物种。在1960年召开的第12届国际鸟类保护大会上，它们被确定为"国际保护鸟"。

　　在200多年以前，朱鹮在中国西部和东北部，特别是在中国东北部的黑龙江下游，甚至长江流域以及俄国、朝鲜和日本，都保持着正常的种群数量。在这些地区，朱鹮通常会将窝巢筑在松树、杨树和其他高大的树木上，且随处可见。在20世纪早期，中国曾是朱鹮的主要栖息地，在中国西北部陕西省

的秦岭，这种鸟曾有过较大的种群，甚至在20世纪30年代，在中国14个省里，都曾分布有这种鸟。然而，自从20世纪60年代以来，在中国已经看不到这种鸟了；之后，俄国和朝鲜也再也没见到过它们的踪影。人们曾经以为，这种鸟已经在地球上绝种了。可是1981年，中国科学工作者在我国陕西省洋县发现了7只朱鹮和2处朱鹮筑巢的地方。这里到处是低山、丘陵、缓坡和宽阔的沟谷，并且密布着杨树、栎树和柳树，一片郁郁葱葱。小溪和小河在谷底纵横交错，缓缓而流。河流两岸，布满了稻田。

不幸的是，各种不利的条件，特别是人口增长及环境污染等问题，使朱鹮的天然栖息地遭到了严重的破坏，并使其栖息地的面积大大缩小。到目前为止，在全世界的野外，朱鹮的总数只有将近100只了，而且，生活在野外的朱鹮，只有在中国西北部的陕西省洋县才能看见。数量如此之少，说明这种鸟已处于极其濒危的状态。朱鹮是我国最珍贵稀有的鸟之一，属于国家一级保护动物。

朱鹮的身体是白色的，翅膀是粉红色的，嘴是黑色的，呈尖细弯曲状，嘴尖和基部点缀着鲜红色。红色的脑袋上有一撮毛冠，很像野雁。它们身长67~80厘米，体重1.4~1.9千克。因为它们的脸部、腿部、翅膀的后部和尾羽的下侧都呈朱红色，所以，人们将它们称为"红鸟"或者"红鹤"。当它们飞行时，其有光泽的尾羽，在灿烂的阳光下，能发出闪亮的朱红色。

朱鹮是一种常住鸟，栖息于秦岭南坡海拔900~1400米之间的山区，在高大的树上筑巢。它们喜欢在人烟稀少、不受干扰、安静清洁的环境和稻田密布、小溪及河流交织、没有污染的地区生活。它们喜欢吃从浅水里收集来的鱼、虾、螃蟹、蝌蚪、泥鳅、青蛙等，有时也吃蚯蚓。这说明，它们对其栖息地和食物都会经过仔细的选择。

动物小·知识

- -

　　朱鹮一身羽毛洁白如雪，两个翅膀的下侧和圆形尾羽的一部分却闪耀着朱红色的光辉，显得淡雅而美丽。由于朱鹮的性格温顺，中国民间都把它看做是吉祥的象征，称为"吉祥之鸟"。

- -

　　朱鹮实行"一夫一妻制"。因此，一对朱鹮鸟总是朝夕相处，从不分离。除非其配偶死亡，否则任何一方都不会与别的朱鹮交配。每年1月，其颈部和背部就会出现灰色的羽毛，科学上称为"繁殖毛"，标志着这对朱鹮交配的开始。交配之后，这对朱鹮共同分担筑巢的任务。它们简单的窝巢，是用枥树的树枝、新鲜的树叶和野草构筑而成的。每年3~4月，雌朱鹮就会产下一窝蛋。每窝有2~4枚蛋，每隔2天产1个蛋。棕绿色的朱鹮蛋与鸭蛋一样大，重80~85克。

　　从雌朱鹮产下第一个蛋开始，这对朱鹮就会轮流孵蛋。当其窝巢受到侵扰时，这对朱鹮，包括正在孵蛋的那只朱鹮，就会立即起飞，将入侵者赶走。

　　这对朱鹮还像保姆和哨兵一样，轮流饲养它们的幼鸟。其中一只朱鹮照料窝巢里的幼鸟，另一只朱鹮到野外去给幼鸟搜集食物。朱鹮用一种奇特的方式喂养幼鸟。它们将从野外收集来的固体食物，嚼成半消化了的、乳汁状的流食，保存在它们的嗉囊里。当一只朱鹮回到其窝巢时，就张开自己的嘴巴，并将食物从嗉囊里吐出来，喂哺其饥饿的幼鸟。幼鸟一只跟着一只，迫不及待地将它们的小嘴伸进亲鸟的喉咙里，从亲鸟的喉咙里将食物搜刮得一干二净。到了30天的时候，幼鸟就能在其窝巢周围的树枝上行走。然后，在45~50天的饲养期里，跟随其父母去野外觅食。与其父母一起在野外行走15天以后，幼鸟就会逐渐离开父母，到食物丰富而且有水的平原和丘陵区独自生活。直到下一个繁殖期，幼鸟才会回到它们父母的窝巢里来。

　　朱鹮一家一般总是居住在自己的窝巢里，但是，它们也与其他的朱鹮家庭之间保持联系。这些家庭，在选择窝巢、筑巢、繁殖和幼鸟离开窝巢之前，会共同旅游数次，但在孵蛋和饲养期内互不来往。已经长成的朱鹮，在下一个繁殖期里会回来看望它们的父母。此后，它们就在别处单独居住，不再与父母一起旅行了。

　　朱鹮性情温顺，但是，它们容易遭到猛禽的袭击。这些猛禽经常偷食朱鹮的鸟蛋和幼鸟，对朱鹮的繁殖构成了很大的威胁。老鹰、金猫、喜鹊、乌鸦、豹猫和蛇也常常袭击朱鹮的幼鸟，黄鼠狼也是朱鹮的天敌。

俯冲速度最快的鸟——隼

在所有鸟中，隼的俯冲速度是最快的。它就是利用自己的飞行速度来捕食的。很多鸟都是丧命在它们的速度之下。隼在展开猎捕行动时，会采用俯冲的方式，它们将身体收合起来，形成一个子弹的形状，飞快地将猎物撞落在地面上，然后再抓起被撞昏或者死去的猎物，美美地饱餐一顿。

隼的头很小，翅膀末端呈尖形，这种体型非常适于捕获猎物。它们拥有强壮的腿、锐利的趾爪、极好的视力与速度，一旦发现猎物，就猛扑过去，将它们踢死。隼的嘴巴又粗又坚硬，前端还是钩形的，很适合撕裂、折断猎物的肉和骨头。

隼的家族成员在捕猎时又快又准又狠，很多同类都怕它们。可是隼却害怕人类，因为人类大量使用各种农药，使它们的食物受到污染，导致它们的

身体越来越差。这些因素直接影响了隼的繁育生殖，有时候，隼宝宝刚生下来就死了。导致隼家族的成员已经越来越少了。

有一种形体小巧的灰背隼，被称为"女士之隼"。在一些国家，有的女士还经常带着自己养的灰背隼去教堂呢。灰背隼以不规则的路线飞行，发现猎物就以全部的速度进行出击。

红隼的飞行特别有技巧，它经常逗留在空中的一个定点上飞翔，这种飞行方式称做"悬飞"，虽然这样比较辛苦，但能使它监视到草丛里正在移动的猎物。红隼发现目标后，会先慢慢下降，然后猛扑过去把猎物抓住。

燕隼的视觉非常敏锐，它能在光线很微弱的地方捕捉蝙蝠、蜻蜓这样的昆虫，捕到猎物后它还能在飞行中将它们吃掉。

动物·小·知识

隼形目的鸟在鸟类中处于食物链的顶端，具有重要的生态意义，很多隼形目的鸟类也被人们认为具有勇猛刚毅等优良品格，所以有不少国家的国鸟是隼形目的鸟类。

游隼也是隼家族的成员，它捕食时会快速飞过鸟类的头顶，再快速俯冲下去，用脚撞击猎物，然后反转身体抓住掉落的猎物，并将它带走。如果游隼抓到一只野鸡当晚餐的话，它只会吃肥嫩的鸡胸肉，而把剩下的鸡肉留给别的动物，并且它在吃之前，会先拔掉野鸡的羽毛。

游隼号称是空中飞行速度最快的鸟，它的时速可以达到360千米，超过某些飞机的速度。它们广泛地分布于全世界，现在数量已经很稀少了。游隼喜欢栖息在岩石、树林里，在那里经常可以看见它们在空中疾飞，掠捕野鸭等鸟类为食。

一旦发现猎物，游隼会突然加速，贴近猎物时迅速地伸出强健的脚掌，狠击猎物的头部、背部，当猎物被击昏或击毙从高空翻滚坠落时，游隼会快速轻盈地跟着猎物下降，在半空中把猎物抓走。它们的力量极大，有时竟会

打破乌鸦的头或是在苍鹭背上打出一个鸡蛋大的洞。

　　游隼的个头和乌鸦差不多，背部多呈蓝灰色，腹部是白色或黄色，上面有黑色的条纹。它们喜欢在靠近水边的悬崖峭壁上筑窝。一窝产2~4个红褐色的蛋，小鸟在孵化5~6个星期后出壳。游隼孵蛋是轮流进行的，因为，在孵蛋的过程中温度必须保持恒定，一旦出现停止的情况，鸟蛋可能就永远也孵不出小鸟了。所以夫妻俩总是轮流捕食，轮流坐窝，它们还经常把蛋翻过来，以使每个部位都能够达到所需的温度。蛋中的小游隼孵化以后，会用长在喙尖的特别的"牙齿"啄破蛋壳。出生几天以后，它们的这个牙齿就会消失。

游泳速度最快的鸟——巴布亚企鹅

　　巴布亚企鹅是继皇帝企鹅和国王企鹅之后体型最大的企鹅物种。它们是企鹅家族中最快速的泳手，游泳的时速可达36千米。

　　巴布亚企鹅又叫金图企鹅、白眉企鹅，分布于哥伦比亚、委内瑞拉、圭亚那、苏里南、厄瓜多尔、秘鲁、玻利维亚、巴拉圭、巴西、智利、阿根廷、乌拉圭以及福克兰群岛，南极大陆、南极半岛以及南设得兰群岛、南乔治亚岛等若干座岛屿也有分布。

　　巴布亚企鹅身高56~66厘米，体重约5.5千克，有南方种和北方种之分，其身高、体重和形态略有差异。巴布亚企鹅嘴细长，嘴角呈红色，眼角处有一个红色的三角形，显得眉清目秀，潇洒风流。

动物小·知识

在水中，海狮、海豹和杀人鲸均是巴布亚企鹅的天敌。在陆上，成年的巴布亚企鹅并不会受到威胁，但鸟类却会偷它们的蛋和幼企鹅。

巴布亚企鹅通常在近海较浅处觅食，主要食物为鱼和南极磷虾，特别是后者，是巴布亚企鹅的首选猎物。巴布亚企鹅对深海捕鱼颇为擅长，又被称为企鹅中的战斗机。它们有时深潜至海中100米处，但潜水时间通常仅持续0.5~1.5分钟，很少有超过2分钟，而且有85%的时候潜水不足20米。

雌性巴布亚企鹅的繁殖期在南极的冬季。以石子或草筑巢，视地区而不同。雌企鹅每次产2个蛋，雌、雄企鹅轮流孵蛋，先雄后雌，每隔1~3天换班一次。因此在繁殖期的大部分时间内，它们都不必进行长时间的禁食。另外，在繁殖期，巴布亚企鹅只在群居地方圆10~20千米的范围内活动。巴布亚企鹅孵蛋期较长，长达7~8个月，雏企鹅发育较慢，3个月后才能下水。

曾经的巨无霸——隆鸟

隆鸟又叫象鸟，主要生活在世界第四大岛——非洲马达加斯加岛的森林中。"隆鸟"的意思即是"高高凸起的鸟"，而称为"象鸟"则正是对这种庞然大物的隐喻。隆鸟身高比新西兰的恐鸟（1800年灭绝）还要高100多厘米，比现在世界第一大鸟——鸵鸟就更高了。在300多年以前，可称得上世界第一大鸟。就连隆鸟的蛋也比后两种鸟的大许多，鸵鸟蛋平均重约1.76千克，恐鸟的蛋有篮球那么大，而隆鸟蛋的重量达9~10千克，相当于7个鸵鸟蛋或200多只鸡蛋的重量，仅蛋黄就有9.4升。

隆鸟的身躯健硕，脖子很长，脑袋很小。有圆钝的喙，两只大大的脚趾及粗壮的大腿。身体笨重，前肢已经退化，只留有很小的翅膀，羽毛同鹋鹋非常相似，胸骨上没有龙骨突起，但它的腿相对短而有力，爪上有3趾，是一种善于奔跑而不会飞的巨鸟。

隆鸟的性情温顺，以植物果实、叶等为食。隆鸟是早期鸟类向大型化发展的一支代表，当时几乎没有天敌，同岛上的其他动物一起和谐地生存了很长一个时期。

动物小知识

隆鸟已经灭绝了，虽然我们现在不能看见隆鸟，但在马达加斯加的部分沙漠地带还能够看到隆鸟产下的卵的碎片。

大概是因为隆鸟体型庞大，繁殖起来比其他鸟类要困难得多，因而数量一直不多。随着马达加斯加岛上居民的增加，人们认为隆鸟的肉多且鲜美，羽毛修长，可作装饰品，开始经常猎杀隆鸟，取食它的肉，将羽毛作为身上的装饰品，他们还用隆鸟的腿骨做成项链，佩挂在胸前。

到17世纪，马达加斯加岛被开发成海上交通要道，居民数量已增至以前的十几倍，他们很快就出现了缺衣少食的现象。大片的森林被砍伐变成了农田，使隆鸟的生活空间越来越小，许多隆鸟因此而死去。剩下的隆鸟有的不得不去偷食农作物，这对于还不能完全满足自己需要的当地居民来说，是不能容忍的。一时间隆鸟就被当成了仇敌。当地人不但猎杀成年隆鸟，就连幼鸟及隆鸟蛋也不放过。

1649年，是当地居民能够捕杀到隆鸟的最后一年。之后，人们再也没有见过隆鸟。它的世界第一大鸟的称号也在人类的捕杀下让给了鸵鸟。

最小的海鸟——海燕

　　海燕家族中最美丽的成员就要数雪海燕了，雪海燕也叫"南极雪鸽"，其外形、个头与鸽子非常相像，故而得名。除了嘴及分布在眼睛前面的羽毛是黑色的，它们身体其他部分的羽毛就跟雪一样洁白。在白雪皑皑的南极大陆边缘，常常都能看到南极雪海燕在距离岸边不远的海面上空盘旋，寻找被海浪从海底翻起的小动物。南极雪海燕一年四季都栖息在南极地区，是该地区仅有的"土著居民"。

在海燕家族中，个头最小的是威尔逊暴风海燕，体重仅36克，但飞翔速度极快，抗风能力很强，能在强大的风暴中飞翔，因而得名。它们身体的上半部分是黑色的，尾部呈白色，腿很长。飞行时，它们伸展出双翅就能让自己垂直上升。它们的尾巴像扇子一样，能控制飞行的方向。飞行时，它们的两条腿可以用来保持身体的平衡。人们常常赞美威尔逊暴风海燕是迎接暴风雨的"勇者"。

最美丽的鸟——极乐鸟

　　极乐鸟这个名称是怎么来的呢？相传16世纪欧洲人初次见到这种珍奇美丽的鸟类标本时，根本不知道它的产地和名称，还以为是"天国"的鸟类飞下凡尘，于是为其取名为"极乐世界之鸟"，现在简译成"极乐鸟"。

　　极乐鸟的种类很多，彩羽新奇且舞姿也各不相同。它们生活在热带的深山密林中，以果实、昆虫为食。雌鸟会用树枝、苔藓植物、鸟羽、草叶在树上筑巢产卵，每次只产1枚卵。

　　长尾极乐鸟是极乐鸟中最名贵的种类，雄鸟的身上披着漂亮的羽毛，尾羽就像是2根长长的飘带，颜色各异，十分美丽。

　　红羽极乐鸟在求偶时，雄鸟会张开它们粉红色的翅膀，大跳求偶舞，周围顿时便会形成欢乐的气氛，连未成年的小雄鸟也会挥动翅膀，十分兴奋。蓝极乐鸟在向雌鸟求爱时，一面载歌载舞，一面窥视对方，最后把身体倒挂在树枝上，翻开蓝色彩羽，就像一朵闪动的奇异花朵。

　　极乐鸟是从巴布亚新几内亚和澳大利亚的森林中迁徙而来。在大多数鸟类中，只有雄性鸟才有令人惊叹的羽毛，而且那本是用来吸引雌性的，极乐鸟也不例外。在繁殖季节，雄鸟会选择一根便于看到数只雌鸟、视野开阔的树枝，站在上面对着雌鸟拍打翅膀或上下翻转，让自己的羽毛看起来像耀眼的瀑布般跳跃，以此来展示自己，而另一些尾羽带有奇异色彩的鸟类则会来回飞行。

动物小·知识

极乐鸟对爱情忠贞不渝，无论男女，一朝相恋，就终生相伴，也不打架，也不吵闹，就那么永远地互相关心着，互相爱护着，就算有一天失去伴侣，另一只鸟绝对不会改嫁或另娶，而是绝食以死。

通常，雄性的拉吉亚那极乐鸟会在清晨或下午开始进行自我展示。首先，它们会张开翅膀，侧身沿着树枝跳跃，然后倾下身体，让羽毛朝前抖开，那样子就像一位正在跳舞的舞者，姿势非常优美。

极乐鸟通常栖息在热带的峻山密林中，其中珍贵的带尾极乐鸟、顶羽极乐鸟和镰嘴极乐鸟等是巴布亚新几内亚的特产。

顶羽极乐鸟的头上有2根长达60厘米的顶羽，超过体长近2倍，犹如梳着长辫子的姑娘。有趣的是，它们2根顶羽的颜色和结构并不对称，一根呈褐色，另一根羽杆上则长着蓝色光滑的细绒毛。

带尾极乐鸟体长约76厘米，它们的身体羽毛呈栗色，双翅下各有一簇金黄色的绒羽，当它们起舞时绒羽就会竖起，形成金光灿烂的两把扇面，极像孔雀开屏。

镰嘴极乐鸟的嘴像一把约9厘米长的镰刀，它们栖息在海拔2000米左右的高山上，雄鸟具有正副翅膀，它们的副翅只有在向雌鸟求爱时才会张开。那时它们的四翅会像剪刀一般，一张一合，并唱着洪亮动听的歌，在空中轻盈、灵巧地上下舞动。

世世代代以来，巴布亚新几内亚人一直用极乐鸟的羽毛做举行仪式时用的头饰。而为了得到极乐鸟的羽毛，人们开始大量捕杀这种色彩艳丽、被认为是来自天堂的极乐鸟，甚至还开始出口它的羽毛。因此，极乐鸟遭到过度捕杀，现已濒临灭绝。

第三章

两栖爬行动物之最

　　两栖爬行动物是地球上最古老的动物之一，它们既能在陆地上活动自如，又能适应在水中的生活。爬行动物也是统治陆地时间最长的动物，在古老的中生代，爬行动物不仅是陆地上的绝对统治者，还统治着海洋和天空，地球上没有任何一类其他生物有过如此辉煌的历史。即使是现在这个时代，它们在自然界中依然是佼佼者。

最大的蜥蜴——科摩多巨蜥

科摩多巨蜥又称"科摩多龙"，属于爬行纲蜥蜴目巨蜥科。科摩多巨蜥因发现于科摩多岛而得名。科摩多岛位于印度尼西亚的一个叫努沙登加拉的群岛，该岛长4~5千米，宽10~13千米。科摩多岛的自然环境很适合科摩多巨蜥的生长。

科摩多巨蜥是世界上最大的蜥蜴。它们的体长可达3米，重150千克，堪称蜥蜴王国中的"巨人"。成年的科摩多巨蜥，一般身长3.5~5米左右，体重100~150千克。它们皮肤粗糙，生有许多隆起的疙瘩，没有鳞片，身体呈黑褐色，口腔很长并且有巨大而锋利的牙齿。它们的声带很不发达，即使是在被激怒的情况下，也只能听到它们发出"嘶嘶"的声音。但是它们的嗅觉却十

分灵敏，能闻到1000米内腐肉的气味。

科摩多巨蜥喜欢生活在海岸边潮湿的森林地带，在岩石或树根之间挖洞居住。它们是肉食性动物，白天出来觅食，通常会以那些已经死去的动物腐肉为食，但成体也吃同类幼体和捕杀水牛、野猪及鹿等动物，偶尔也会攻击和伤害人类。它们食量很大，平均每天能吃6~8千克的食物。幼体主要以昆虫、小型哺乳动物、爬行动物和鸟类为食。

动物·小·知识

科摩多巨蜥是科摩多岛的顶级食肉动物，没有天敌。它是一种和恐龙同时代的古老动物，也是幸存的恐龙近亲之一。

捕食猎物时，科摩多巨蜥凶猛异常，奔跑的速度极快。它那巨大而有力的长尾和尖爪是捕食动物的"工具"。成年的巨蜥用自己的尾巴就能将一匹健壮的小马扫倒，然后一口咬断马腿，将马拖到树林中吃掉。巨蜥的唾液中含有多种高度脓毒性细菌，受到攻击的猎物即使逃脱，也会因伤口引发的败血症而迅速衰竭直至死亡。它们还会将吃不完的猎物埋在沙土或草丛中，以便留着下顿再吃。猎物的味道也会引来其他四处觅食的巨蜥，它们纷纷前来想要分享猎物。分餐是有规矩的，在一群科摩多巨蜥中，通常年长而且体型较大的才有优先进食的权利。它们会用强壮的尾巴击打年幼者，使之不能接近食物。顺从者或"亲朋好友"其次，陌生的食客通常被安排在最后就餐。科摩多巨蜥进食时常狼吞虎咽，尽其食量而吃。有时吃的太多，需要消化6~7天才能再次进食。

科摩多巨蜥和大多数爬行动物一样，为卵生。它们先在比较干燥的山丘上挖好洞穴，然后将卵产在里面，每窝产卵5~20枚不等，卵为白色，到第二年的4月孵化。科摩多巨蜥的寿命一般在40年左右，长寿者可以活到百岁以上。

最毒的蛙——箭毒蛙

迄今为止发现的箭毒蛙种类约有130多种，其中有55种是含有剧毒的。当地的土著居民能够巧妙地运用这种天然的毒液，从事原始的捕猎活动。他们首先在箭毒蛙经常活动的地方捕捉到箭毒蛙，然后小心翼翼地用细细的藤条拴住箭毒蛙的腿（这个部位是不分泌毒液的），再用一根小木棍轻轻地刺激它们的背部。这时箭毒蛙的毒液便会分泌出来，土著人把这种毒液涂抹在打猎的箭头上。"箭毒蛙"的名字即由此而来。

一只小小的箭毒蛙能分泌出杀死30个人的毒液，而涂抹在箭头上的毒素能够保持一年之久。丛林中无论什么动物被这种毒箭射中，都难逃一死。

动物·小·知识

花箭毒蛙由于身上长有鲜艳的花纹而得名，是箭毒蛙科中最大的种类，能够长到5.08厘米长。这种蛙身上所显现出来的各种颜色和花纹是在南美东北部高地色彩斑驳的生活环境中而形成的。

在箭毒蛙这一种类中，通常是由雄蛙来哺育后代的，这也是一种比较特殊的育幼方式。雌蛙和雄蛙交配以后，雌蛙将卵产在积水处便独自离去，雄蛙便担负起了育幼的任务。当卵发育成蝌蚪的时候，雄蛙就会把这些小蝌蚪分别背到其他有积水的地方，让它们独自生活和成长。箭毒蛙的蝌蚪是肉食性的，所以雄蛙要把它们一个个分开，否则它们就会自相残杀。

也有其他身上带有毒素的蛙类，它们能够从皮肤分泌出毒汁，但其毒性都不及箭毒蛙分泌的毒汁强。箭毒蛙的表皮颜色鲜亮，带有红色、黄色或黑色的斑纹。这些鲜艳的颜色在动物界常表示一种动物向其他动物发出的警告：我是有毒的。这些颜色使箭毒蛙显得与众不同——它们不需要躲避敌人，因为攻击者根本不敢接近它们。箭毒蛙鲜艳的皮肤里藏着无数小的腺体，当它们遇到敌人或者受到外界的刺激后，腺体就会分泌出一种白色的液体。而这种液体足以杀死任何动物，也能将人置于死地。

最毒的蜥蜴——毒蜥

毒蜥是蜥蜴目毒蜥科惟一的一属，它们主要分布在美国南部及墨西哥等地区。毒蜥的毒液不像毒蛇那样是从牙齿里分泌的，它们的牙仅仅是作为咬伤猎物的工具。毒蜥的下颌有毒腺，毒液通过导管注入口腔，再经牙齿的沟注入被毒蜥咬住的伤口内。人被毒蜥咬伤后有痛感，但极少致命。

毒蜥身体粗壮，体长约60厘米。毒蜥头略扁，躯干和尾呈圆筒形，尾巴肥大，可以储存大量脂肪，以备食物匮乏时吸取。毒蜥的身体为黄色或橙色，体表还分布有暗色的网纹。尾上也分布有黑色环纹。下颌前方具毒矛，有沟，与吻腺变成的毒腺相通，毒性颇为强烈，足以使小型哺乳动物死亡。

动物·小·知识

毒蜥活动时会吃下很多东西，并把一些暂时不需要的东西，例如脂肪，储存在它的身体里，主要是在尾部。它能依靠储存在身体里的脂肪存活很长一段时间。

毒蜥喜欢栖息于干燥的沙漠和有岩石分布的地区。白天，为了躲避干燥地区的炎热，它们一般都藏在洞里，晚上才会出来活动、捕食。毒蜥以小型哺乳动物以及其他种类的蜥蜴为食。最喜欢吃鸟卵，它们也会用其强有力的爪子挖食蜥蜴卵和蛇卵。

每年7月是毒蜥的交配繁殖期，交配后，雌性会于7月末到8月中旬在开阔地带挖掘深约12.5厘米的洞穴，然后在穴中产3~7枚白色的卵，其壳薄而粗糙。孵化期28~30天。

最珍稀的爬行动物——扬子鳄

鳄鱼是大自然中现存最古老的爬行动物，扬子鳄则是目前世界上最古老的鳄鱼之一。扬子鳄起源于中生代，曾与恐龙一起生活了1亿年之久，恐龙家族因为种种原因灭亡了，但扬子鳄却幸运地存活了下来。

扬子鳄体长2米左右，重10~30千克，体表布满鳞片，背部呈黑褐色，腹部为灰白色，四肢粗短。扬子鳄在地面上爬行时行动比较缓慢，但在水中却非常灵活。

扬子鳄主要栖息在海滩和沼泽地的洞穴里，洞穴周围通常布满竹子、芦苇和其他灌木。

每年的5~6月是扬子鳄的繁殖期，它们通常会在在水面上交配。交配之前，雄鳄会在夜间通过江滩或沼泽地发出响亮的吼叫，以吸引雌鳄的注意。雌鳄即使是在遥远的地方，也会立即响应。一只雄鳄会与4~5只雌鳄进行交配。交配后，雌鳄就在河岸边营巢产卵，每次产卵数枚至数十枚不等，然后

靠自然温度孵化。70天后，幼鳄就会从蛋壳里孵化出来。在鳄类中，扬子鳄的性情最为温驯，但在保卫其地盘、窝巢、鳄蛋及幼鳄时，会显得十分凶猛。它们会张开布满尖利牙齿的大嘴，发出"嘶嘶"的声音，对入侵者表现出自己凶狠残暴的一面。

 动物·小·知识

扬子鳄天生喜欢安静，白天常隐居在洞穴中，夜间外出觅食。不过它也在白天出来活动，尤其是喜欢在洞穴附近的岸边、沙滩上晒太阳。它常紧闭双眼，趴伏不动，处于半睡眠状态，给人们以行动迟钝的假象，事实上它的行动非常敏捷。

扬子鳄通常把巢建在离地面2~3米的地下，地下洞穴一般都是恒温的。扬子鳄的洞穴弯弯曲曲，结构复杂，有几个出口和分支通道，通常在池岸或河岸上开口，外面笼罩着高大的树木或茂密的灌木和野草。

扬子鳄有冬眠的习惯，从10月下旬到第二年的4月中旬，冬眠期约为6个月。如果冬眠之后的两个月内没有吃到食物，仍可存活。这是因为它们能最大限度地节省身体的能量消耗，它们总是缓慢地向前移动，常常可以数小时静止不动，并且活动的幅度很小，最大限度地减少能量消耗。

扬子鳄是我国最稀有的动物之一，为国家一级保护动物。扬子鳄曾一度栖息于淮河流域和长江中下游辽阔的淡水区里，现在数量已经十分稀少了。

大量开垦农田和兴修水利，破坏了扬子鳄的生存环境，而且由于扬子鳄时常袭击家禽、家鱼，破坏河堤，糟蹋庄稼，所以它们曾被认为是"有害的动物"，并遭到大肆捕杀。此外，有毒农药的大量使用造成水生动物的大量死亡，不仅减少了它们的食物来源，还使它们二次中毒，这些原因使扬子鳄陷入濒危状态。

19世纪60年代，人们还能看到体重超过50千克的大扬子鳄，可是现在，扬子鳄的身躯越来越小。近几年，在中国已经很难找到体重在10千克左右的扬子鳄。栖息地的缩小和环境的恶化，以及人类的捕杀，对扬子鳄构成了严重的威胁，使之处于绝种的边缘。

最大的陆生毒蛇——眼镜王蛇

在陆生毒蛇中，体型最大的是眼镜王蛇。眼镜王蛇与眼镜蛇的不同之处在于，眼镜王蛇属于特殊的"食蛇种"，它们通常以其他蛇类为食；眼镜王蛇经常攻击其他蛇类，甚至蟒蛇。

眼镜王蛇头部呈平直状，如同戴了个帽子，所以又称毒帽蛇。它是体型最大的陆生毒蛇，长度一般为5米，最长可达6米，直立起来通常可高达1.8米，几乎可以与一个成年人对视。其背部为棕褐色，项鳞后有一对大枕鳞，背鳞15行，背鳞边缘点缀有黑色的横纹，脊鳞扩大成六角形，身体后段有显著的黑色网纹，尾下的鳞一部分双行，一部分单行。眼镜王蛇发怒时身体前段可以竖直起来，颈部膨大为扁形，这时颈腹部没有黑色点斑及横纹，颈背面也没有白色眼镜状横斑。眼镜王蛇是蛇类中寿命较长的，一般可活25年。

眼镜王蛇行动灵敏，头部可以自由灵活转动，遭遇攻击时不但可从前后左右四个方向进攻，还可以垂直蹿起来攻击它头顶上方的物体。眼镜王蛇咬住东西后通常不会轻易撒口，被眼镜王蛇咬到的受害者死亡率高达75%，12~20毫克的眼镜王蛇毒液就足以杀死一个成年人。这种由眼睛后方的唾腺分泌出的毒液是一种致命的神经毒素，主要由蛋白质和多肽物质组成，其毒性与非洲的剧毒蛇黑曼巴蛇不相上下。

眼镜王蛇曾一度被认为是世界上最毒的蛇，后来随着海蛇等多种更毒的蛇被发现，这一观点被否定了。不过，与其他剧毒蛇类相比，眼镜王蛇毒液的毒性仍然非常强。

虽然眼镜王蛇毒液的毒性并非天下第一，但恐怖的是，眼镜王蛇会以毒

液的"量"来弥补"质"的不足。眼镜王蛇每次喷出的毒液量为400~600毫克，最多时可达850毫克，是成人致死剂量的几十倍，足够毒死20~30个成年人。如果其释放全部毒液，杀死50个成年人都绰绰有余。一头3吨重的亚洲象只需被它咬上一口，在3个小时内就会死亡。

人一旦被眼镜王蛇咬后，便会出现混合毒素中毒的症状。它的毒液会破坏受害者的神经系统，并会很快地引起晕眩、剧痛、视力障碍、嗜睡及麻痹等不良症状，导致受害者心脑血管系统崩溃并昏迷，最终会因呼吸衰竭而死亡。另外，该毒液致死的速度非常快，是黑曼巴蛇的5倍，被咬的受害者通常半个小时内就会死亡，甚至有人被咬后3~6分钟内即会死亡。

动物小·知识

蛇是近视眼，耳朵里没有鼓膜，对空气里传来的声音没有什么反应。它识别天敌和寻找食物主要靠舌头。如果你遇到眼镜王蛇，假如它不向你主动进攻，千万不要惊扰它，尤其不要使地面受到振动，最好等它逃遁，或者等人来救援。

通常眼镜王蛇在沿海低地到海拔1800米的山区栖息，有一定水性，喜好生活在有溪流及湖区的地方。它们一般独居，直到交配季节来临。每年的4月是雌蛇产卵的时期，雌蛇每次产卵20~50枚，孵化期需要60~80天。雌性眼镜王蛇表现出护卵习性，在孵化期间会一直守在巢边。刚出生的幼蛇体长45~50厘米，身体带有黑色与白色相间的花纹，有剧毒。

眼镜王蛇是一种高智商的捕食者，主要以捕食其他蛇类为生。捕猎时它们能分辨出猎物是否具有毒性。当捕食毒蛇时，它们一般不会轻举妄动，而是不断挑衅对方，直到对方终于被激怒向它们发起进攻，眼镜王蛇会伺机灵敏地躲闪。等到猎物身心疲惫、无心恋战时，它们才看准机会，一口咬住猎物头颈并迅速释放毒液将其杀死。在捕食无毒蛇时，眼镜王蛇则不会轻易使用毒液，它们一般会紧紧咬住猎物，任凭猎物挣扎反抗也绝不松口，待到猎物死后再慢慢吞食。眼镜王蛇在饱餐一顿后可以好几个月都不再进食。当食物匮乏时，它们也会捕食其他如蜥蜴等脊椎动物。

虽然眼镜王蛇夜视能力不佳，但白天视力极好，可以发现100米外的移动的物体。眼镜王蛇在受到攻击或遇到危险时，同其他眼镜蛇一样，会抬起身体的前1/3，然后张开嘴，露出毒牙，同时发出巨大的嘶嘶声，一面盯着危险源，一面留意四周的环境。假如敌人还不离开，眼镜王蛇就会采取行动。不过如果碰上天敌，如对它们的毒素有免疫能力的猫鼬等，眼镜王蛇通常都会逃走。如果没能逃走，它们才会膨起颈部，与之殊死搏斗。

作为世界上最大的前沟牙类毒蛇，眼镜王蛇的毒液不但毒性强烈，而且排毒量大。它不仅生性凶猛，还会主动攻击"敌人"，且在咬住目标后紧紧不放。因此，眼镜王蛇一直被人类视为极具危险性的蛇。

在过去十年间，眼镜王蛇的种群数量至少减少了50%，且这种下降的趋势仍在继续。眼镜王蛇种群数量的急剧下降，致使这种毒性很强的动物处于濒危状态。目前，我们在野外已难得一见这种最大的陆生毒蛇。

在中国，虽然部分动物园及养蛇场在饲养眼镜王蛇，但是这些饲养的眼镜王蛇都是从野外捕捉的。同时，由于多种原因，人工饲养的眼镜王蛇至今还不能正常地产卵孵化。饲养的蛇，一般在一两年内就会死去。所以，通过人工繁殖以增加种群数量的目的一时还难以达到。人类若不及时采取保护措施，不久的将来眼镜王蛇就有灭绝的可能。

最大的蛇——蟒

蟒，本义是巨蛇，又称蚺蛇，是一种无毒的大蛇。它是世界上较原始的蛇类。蟒的体长可达3米以上，其口大，舌的尖端有分叉，主要捕食小型动物。它属于世界濒危物种，在我国是一级保护动物。

蟒体长3~7米，重数十千克，头颈分区明显。蟒的主要特征是头小，吻端扁平，通身被覆小鳞片，体型粗大而长，是世界上最大的较原始的蛇类，具有腰带和后肢的痕迹。它有成对发达的肺，较高等的蛇类却只有1个或1个退化肺。在雄蛇的肛门附近具有明显的后肢退化的角质距，但雌蛇较为

退化，很容易被忽略。

　　蟒蛇的体表花纹异常美丽，对称排列成云豹状的大片花斑，斑边周围有黑色或白色斑点。蟒蛇体鳞光滑，背面呈浅黄、灰褐或棕褐色，腹鳞无明显分化，而体后部的斑块则很不规则。蟒蛇头小呈黑色，眼背及眼下有一黑斑，喉下黄白色，尾短而粗，具有很强的缠绕性和攻击性。

　　蟒蛇的牙齿尖锐，猎食动作迅速准确，主要以鸟类、鼠类、小野兽及爬行动物和两栖动物为食，属于广食性蛇类，有时它们会进入村庄农舍捕食家禽和家畜，有时雄蟒也会伤害人。

　　蟒蛇一次可吞食与体重等重或超过体重的动物，胃口可谓大得惊人，如一条10千克重的蟒蛇在广西梧州外贸仓曾吞食了一只15千克的家猪，它的消化力特别强。

　　蟒蛇多生活在热带及亚热带的森林中，或溪间附近的土山常绿阔叶林和石山常绿阔叶藤本灌丛区，属于树栖性或水栖性蛇类。在我国，那些气候温和湿润、平均气温在9℃以上、野生动物丰富的场所，如云南、贵州、福建、广东、广西、海南等地蟒蛇居多。

动物小·知识

　　　　巴西热带丛林的大蟒蛇，被人们驯养做保姆，它们忠于职守，寸步不离孩子，吃的很少，每月吃一次东西。非洲一些地方，蟒蛇甚至被用作渡河的船工。

　　蟒蛇善于游泳，也常将身体后部攀缠在树上，它喜热怕冷，但在强烈的阳光下曝晒过久也会死亡。蟒蛇活动的最适宜温度为25~35℃，20℃时它们很少活动，15℃时开始处于麻木状态，若气温继续下降到5~6℃，它就会死亡；蟒在春季出蛰后，待太阳出来便开始活动。夏季天气炎热，它经常躲于阴凉处，于夜间进行捕食活动。蟒蛇冬季不会出来捕食，冬眠期4~5个月。蟒蛇以发动突然袭击咬住猎物而著称，它用身体紧紧将猎物缠住，直至猎物被缢死，然后从猎物的头部开始将其吞食。

蟒蛇的繁殖高峰在4月下旬到5月下旬，它的繁殖期很短，卵生，卵为白色，呈长椭圆形，每卵均带有一个"小尾巴"，大小似鸭蛋。雌蟒每次产卵8~30枚，多者可达百枚，每枚重70~100克，孵化期为60天左右。雌蟒产完卵后，性情凶恶，这时它会蜷伏在卵堆上，不吃东西，默默地守着，体温较平时高几度，体内发热，它们这样做有利于卵的孵化。如果有人想要靠近它们，很容易被它伤到。

蟒蛇千奇百怪，种类繁多，既有小型的洞穴蛇类，也有世界上最大型的网纹巨蛇；既有鳞片能够反射出七彩光泽的巴西彩虹蟒，也有稀少的缅甸蟒蛇的白化突变种黄金蟒。

2008年1月，印度尼西亚的一个小型动物园展出了一条体长约15米、体重447千克、最大直径达85厘米的蛇，这是近100年来人类所发现的最长最大的一条蛇，也是目前世界上所知的最长的蛇。此前，吉尼斯世界纪录中所记载和公认的世界最长蛇是一条身上花纹呈网状的大蟒，身长10米，已于1912年在印尼被射杀。

这条异常罕见的大蛇是被印尼西部苏门答腊岛的人捕获的，开始它是在一个原始森林中被发现的，被捕获后卖给了动物园，动物园的管理人员为这条大蛇取了一个温柔的名字"桂花"。虽然名字听起来比较温柔，但"桂花"大口一张非常吓人，它可以很轻松地吞下整整一个人。

非洲最小的蟒——球蟒

　　属于蟒亚科的蛇有20~25种，在生理解剖学上有两个特征：一是它的头骨结构；二是它有一对后肢退化的残迹，形状像鸟趾，坚硬且能活动，它们都是无毒蛇，从非洲西部到我国，以及澳大利亚和太平洋岛屿地区都有分布。

　　非洲的球蟒和美洲中部的侏蟒都属于蟒亚科。它们中有些异常凶猛残暴，甚至还发生过吃人、袭击人的事件，但有些却很温柔，被训练成不同角色，为人类服务。

　　非洲蟒类中最小的种类就是球蟒，它们会捕食小型的哺乳动物，幼蛇则

会捕食鸟类。那些被当做宠物饲养的球蟒，可以接受各种形式的食物，包括活的、死的，以及经过雪藏处理的等。

动物小·知识

据说球蟒在古埃及是饲养在皇宫内用来捕捉老鼠的，所以又称国王蟒、宫廷蟒。球蟒脾气温和、花纹美丽、体型适中，使它成为极受欢迎的宠物蛇种。

西非尼日利亚地区的伊博族会悉心照顾那些误闯民居的家伙，因为他们把球蟒当成是地球的象征，如果有球蟒意外伤亡，他们还会为其设置棺木，建立墓碑，甚至为球蟒举行小型丧礼。

成年球蟒的体长一般约为0.9~1.2米，雌性球蟒普遍较雄性球蟒长，体型亦比雄性球蟒壮硕结实。不过，雌性球蟒的头部却比雄性球蟒细小。

球蟒的表鳞十分平滑，有两片肛鳞，雄性球蟒的肛鳞较大。球蟒的体色以黑色为基调，背部点缀有许多圆形斑纹，腹部呈白色或奶油色，有时也会有细碎的黑纹。

球蟒一般分布在非洲的草地、热带草原及疏林地带，喜欢躲在其他动物所挖掘的洞穴里。当遇到威胁的时候，球蟒会将身体紧缩成球体，并将头颈等要害部位藏在球体中心，"球蟒"之名也就是因此而来。

由于生活气候差异等因素的影响，球蟒容易被寄生生物影响，这对它的健康十分不利。目前纪录中最长寿的球蟒有48岁，但大多数球蟒寿命只有20~40岁。目前，球蟒数量正在逐年递减，已处于濒临灭绝的状态。

最大的爬行动物——湾鳄

湾鳄又叫河口鳄、咸水鳄，主要分布在东南亚及澳大利亚北部一带，喜欢栖息在河流沿岸、河口、死潭及沼泽地，在淡水和咸水的环境中都能生存。吻较窄长，单鼻孔，眼睛很大，耳孔很细，在眼后，四肢粗壮，后肢较长，颈部也很粗壮，与脑袋和躯干没有明显区别，是惟一颈背没有大鳞片的鳄鱼。尾巴很粗，两侧较扁，长度比头和身长的总和还长，经常当作武器使用。湾鳄体背为深橄榄色或棕色，腹部为浅白色，幼鳄颜色较浅，有深红斑点。从2亿多年以前出现在地球上开始直到现在，湾鳄的外表一直没什么明显变化。

湾鳄是世界上现存最大的爬行动物，并因体形庞大而被收入了吉尼斯世界纪录。成年的雄性湾鳄平均身长4.8~5.5米，重770千克。最大的体长超过7米，体重超过1.5吨。现今最大的湾鳄体长7.1米，生活在印度的奥里萨邦。而历史上所被证实的最大的湾鳄则出自澳大利亚，体长达8.6米。雌性湾鳄比雄性小很多，通常体长在2.5~3米间。

与其他鳄鱼一样，湾鳄也归属于恐龙家族，它们天性凶狠残忍，在澳大利亚就发生过湾鳄吃人、袭击船只的事件。湾鳄有很强的地盘意识，而且耐力也很出众，能穿越1000多千米的海洋，从澳大利亚一直游到孟加拉湾。

到了繁殖季节母鳄会选在淡水河边的林荫丘陵等处筑巢产卵，每次产卵50枚左右，卵直径8厘米，卵壳为白色。孵卵期间，母鳄会一直守在巢旁，时不时用尾巴往蛋上洒水以保持蛋的温度，就算是生性凶恶残忍的湾鳄，母爱这一天性也是无法改变的。

幼鳄主要以昆虫、两栖类、甲壳类、细小的爬行类动物和鱼类为食，成鳄会捕食体形更大的动物，食物主要有泥蟹、乌龟、巨蜥和水鸟等生物，有时还会捕食水牛、野猪、猴子、牲畜等。虽然湾鳄的块头很大，外表看起来十分笨重，事实上它们的听觉、视觉都很灵敏，身体各个部位的活动也都很灵活。湾鳄是水陆两栖的捕食专家。当它们在水中捕猎时，会把全身都浸在水里，只留两只眼睛露出水面，注视着猎物的一举一动；在陆地上时，就会采取纵跳抓扑的方法，如果这些还不管用，它们就会借助那条巨大的尾巴猛烈横扫来捕捉食物。可惜的是，在捕食过程中，湾鳄那看起来很锋利的牙齿却只起着"钳子"一样的作用，只能帮助它们把食物夹稳。因为湾鳄的牙齿不能撕咬和咀嚼食物，捕捉到猎物后，个头小的猎物就会被它们直接整个吞下，而大的猎物就会被它们叼着使劲往石头或大树上摔打，直到把它们摔软或摔碎后再吞下去，如果还是不行，湾鳄就会任这些猎物自然腐烂后再进行吞食，也因为这个原因，湾鳄的消化功能特别好，而且它们时常吃些沙石促进消化。

最危险的蛇——眼镜蛇

眼镜蛇是中大型毒蛇，身长1米以上，雄性最长可达1.5米。其头部椭圆形，与颈部难以区分。全身被鳞。体背棕黄、灰黑或蓝黑色，颈背有一黑白相间的圆形眼斑，身体后段有数道浅色横纹。当其兴奋或发怒时，头会昂起且颈部扩张呈扁平状，状似饭匙。又因其颈部扩张时，背部会呈现一对美丽的黑白斑，看似眼镜一样的花纹，故名眼镜蛇。

眼镜蛇性情凶猛，被激怒时身体前段能竖起，颈部膨胀，"呼呼"发声，做攻击状。但一般情况下，眼镜蛇不会主动进攻人或其他动物。

眼镜蛇捕食的方法十分狡猾。它们在猎捕之时，会躲在草丛中，诡计多端地只露出轻轻摇动的尾巴，伪装得惟妙惟肖，使得老鼠或者小鸟以为是蚯蚓在爬动，兴奋地前去捕食。这时，眼镜蛇就会阴险地冲出来偷袭，转眼工夫老鼠或者小鸟就已成为它的口中之餐。

印度耍蛇人经常会用眼镜蛇来做表演。当悠扬笛声响起时，眼镜蛇就会随着笛声翩翩起舞。其实，它们根本没有耳朵，而是被笛子的运动所迷惑，做出时刻准备反击的动作。

动物小·知识

眼镜蛇的天敌包括灰獴和一些猛禽：獴会依靠速度直接嚼食眼镜蛇头部，但是在搏斗过程中眼镜蛇也会咬到獴，獴因此昏厥数小时后能自体排毒无事醒来，但少部分也会被眼镜蛇吞噬。

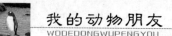

　　需要特别说明的是，人若被眼镜蛇咬伤，得不到及时抢救的话，几小时就会死亡。因为眼镜蛇具有神经性毒素，主要作用于人的中枢神经系统。人被咬时，会感到一阵麻木，这种麻木不久就由伤处遍及全身，使伤者有些眩晕，随后四肢无力、呼吸紧张，最终陷于昏迷状态而亡。眼镜蛇在中国广泛分布于滇南，栖息于海拔1600米以下的各种环境，如干燥的旱坡地、竹林、坟堆等处。

最具杀伤力的蛇——锯鳞蝰蛇

　　最危险的动物应该是最具杀伤力的动物。对于人类来说，幸运的是，没有一种蛇想要以人体为食，它们只是在防御时才会杀死人的。杀死人最多的蛇是锯鳞蝰蛇。然而贝氏海蛇的毒性最大，像所有的海蛇一样，贝氏海蛇的毒素已经进化成只针对鱼和其他的动物。它不具有进攻性，没有毒蛇那么显著的毒牙，只是在意外被渔网网住时才会咬人。在杀伤力方面鸟喙状的海蛇更具危险性，它们栖息在沿海水域，因此与人的接触较频繁。在澳大利亚水域里有许多海蛇，并且澳大利亚的毒蛇数量是世界上最多的。全世界最毒的12种毒蛇澳大利亚就有11种，内陆太攀蛇或猛蛇是最毒的蛇。

动物小知识

锯鳞奎蛇很好辨认，皮肤颜色单调无奇，身躯呈垂直平坦状，短小头部呈现三角锥状或箭头状的记号。这种不善交际的生物大部分时间都将自己埋在沙漠底下，只露出眼睛静待猎物接近。

但是澳大利亚并没有陆地蛇类当中最危险的蛇。综合毒液的毒性和产量、毒牙的长度、蛇的性情以及进攻的频率等因素，可以说最危险的蛇应该是锯鳞蝰蛇了。它分布广泛，个头不大（因此很容易被忽视），并且只是在受到威胁时才会采取进攻，但是它很可能是世界上咬死人数量最多的蛇。其名字的由来可能是因为当它感到害怕时，它会摩擦它的鳞片，发出拉锯似的声音。它这样做也许是和大多数蛇一样，想要吓走人，并不想咬他们。

最长的毒牙——加蓬咝蝰

加蓬咝蝰是蝰蛇科极毒的蛇，但一般较驯良，产于中非的热带森林。是非洲最重的毒蛇，体长达2米，体重8千克。身体粗壮，头宽大，口鼻上有二角状凸起；身上花纹醒目，有浅黄色、紫色和褐色的长方形和三角形花纹。

据记录，最长的加蓬咝蝰长达2.2米，是非洲三大毒蛇中最大的蝰蛇，其他两种分别是鼓腹毒蛇和犀咝蝰。加蓬咝蝰是世界十大毒蛇之一，若是被它咬上一口，这个伤口里含有的毒液量也是最多的（事实上，它的毒性和世界上最强的毒蛇——亚洲南部的眼镜王蛇一样）。它一般含有350~600毫克的毒液，因为60毫克毒液就能致人死地，所以从理论上说，仅仅一条加蓬咝蝰的毒液就足够毒死6~10人。

动物·小·知识

加蓬蝰蛇的体色图形和它们周围的环境非常相似，这样提高了它们的隐蔽性和捕食的准确性；所以这样的体色可以将其与周围环境融为一体，让经过它周围的猎物在其攻击范围内发动致命的攻击。

它的毒牙的长度能够长达5厘米，比眼镜蛇的还要长3.5厘米，这也就是说，加蓬咝蝰咬伤的伤口要比其他任何一种毒蛇的都要深。至于为什么它需要这么长的毒牙，我们不得而知——虽然它能吞食比它大得多的动物，但是它主要还是以蜥蜴和青蛙为食。加蓬嘶蝰不会将毒液注入猎物就放口，而是紧紧的将其咬住不松口，直到等到猎物彻底中毒并且失去行动能力为止，这

种举止与其他的毒蛇截然不同。 看来它的毒牙不是用于防御的，因为它不是生性特别凶猛的蛇类，在防御中很少咬其他动物。也许答案很简单：它只是一种大蛇，因此按比例而言就有较长的毒牙了。那么眼镜王蛇的毒牙为什么如此短呢？研究发现，当闭拢嘴时加蓬咝蝰的毒牙会朝后错，而眼镜王蛇的毒牙是固定的，如果眼镜王蛇的牙齿再长一点的话，那就会刺破它的下颌了。

如果加蓬蝰蛇感觉到危险的存在，它们会采取各种方式来吓退敌人。起初它们会发出很响亮的嘶嘶声，警告你直到你退后。它们会保持不动并发出声音是因为它们在尝试如何逃跑，它们的弹跳力是人们无法想象的，从外表来看加蓬嘶蝰动作缓慢，但它们的速度其实可以与眼镜蛇和响尾蛇来相比！如果你还不知后退，它将闪电般的将毒液注入你的身体内。

最强的吸附能力——壁虎

许多人都看到壁虎会悬挂在天花板上或者任何一种别的物体表面上的现象，这主要是由于它的吸力的帮助。事实上，它们的吸附能力之大令人难以置信。

壁虎的每只脚上都覆盖着数百万微小的脚毛，称为刚毛，每根毛上都有上千花椰菜状的纤维，称为腺毛。当这些腺毛张开时，它们是如此靠近物体表面，以至于在它们的分子和物体表面之间产生了微弱的电荷，使得它们与物体表面紧紧地吸在一起，因为正电与负电互相吸引。壁虎的脚趾不能弯曲的构造使得这种吸附能力变得更强。爬行时，这一构造使得它们能在1秒钟之内四脚交替运动15次。它们脚上的数百万的腺毛都能产生分子力，这种力量如此强大，以至于它们一只立在玻璃上的脚能负荷40千克的重量。

动物·小·知识

当壁虎遇到敌人攻击时，它的肌肉剧烈收缩，使尾巴断落。刚断落的尾巴由于神经没有死，不停的动弹，这样就可以用分身术保护自己逃掉。 同时壁虎身体里有一种激素，这种激素能再生尾巴。

壁虎脚上的构造还包括一种自我清洁的成分：任何粘在刚毛上的污垢在走了几步路之后就会自动掉下来，这是因为污垢和刚毛之间的吸力不如物体表面与污垢之间的吸力大。壁虎的吸附能力给技术专家带来了灵感，从而研究出一种用于太空的有脚微型机器人的胶带，这种胶带能自我清洁，易于分离。但是蜘蛛肯定能更早达到这一目的，因为用同样的分子结构，它们能负载起自身170倍的重量。

最长寿的动物——龟

一提到龟，人们很容易想到"千年王八万年龟"这句俗语。的确，龟可以说是动物王国里公认的"老寿星"，那么龟为什么如此长寿呢？

1737年，在印度洋的查戈斯群岛，有人捕到过一只龟，这只龟当时已经有大约100岁了。后来，它在一个英国动物爱好者的家里又生活了很长时间，最后在伦敦动物园安定下来，直到死去。到20世纪20年代为止，它的寿命已经有将近300岁了。

1971年，人们在长江里捕获过一只大头龟，它的背甲上刻有"道光二十年"的字样，按公元纪年，就是1840年，这一年，中国历史上爆发了有名的鸦片战争。这样的话，即便从1840年算起，到捕获的时候为止，这只龟也已

经132岁了。至今，它的标本还保存在上海自然博物馆里。另外，据说还有一只经过7代人饲养的老龟，到抗日战争的时候，它已有足足300岁的高龄了。

另外一位韩国渔民在沿海抓到过一只海龟，它长1.5米，重90千克，背甲上沾附着很多牡蛎和苔藓。据说，这只龟的年龄约为700岁，即使是在龟类家族中，它也可称得上是"老寿星"了。

龟的长寿似乎已成定论，但对龟的长寿原因却仍众说纷纭。经过调查，有些动物学家和养龟专家认为，龟类吃素有利于延长寿命。比如，在太平洋和印度洋热带岛屿上生活着世界上最大的陆生龟，它们的寿命特别长，可达300岁，是大家公认的"老寿星"。据观察，它们的主要食物是青草、野果和仙人掌等，也就是说，它们是吃素的。但另一些龟类研究人员却对此不以为然。他们提出的证据是，肉食性的大头龟和一些杂食性的龟也能活到100多岁。

动物·小·知识

　　每一只龟一天要晒上1~2小时的阳光。如果龟得不到阳光，使钙难以吸收，会软甲，四肢发烂、发白，眼睛变肿，没食欲，久而久之，龟的抵抗力就会下降。龟和植物一样，都喜欢阳光，甚至会随着阳光移动而改变位置。

还有的科学家认为龟的寿命与其个子大小有关。他们认为龟的寿命与它的个头成正比，个头越大，寿命越长。不可否认的是，像海龟和象龟这样长寿的龟都是龟类家族的大个子。但中国上海自然博物馆的动物学家则以上文提出的那只大头龟作为反驳。因为这只龟的个头虽然不大，可它至少已经活了132年了。

还有的科学家将龟的长寿与其生理机能联系起来。他们认为龟类行动迟缓，新陈代谢较慢和耐旱耐饥等生理特性是龟类长寿的原因。

最近，一些科学家还从别的方面对龟的长寿秘密做了不少研究，例如细

胞学、解剖学等。有的生物学家进行了对比性研究，他们将一组寿命较长的龟与另一组寿命相对较短的普通龟作对比，结果发现细胞繁殖代数较多的龟的寿命一般较长。这就说明，龟的寿命长短与细胞繁殖代数的多少不无关系。

有的动物解剖学家和医学家在研究龟的心脏后，认为其心脏的超强动力也是龟类长寿的秘诀之一。因为他们发现龟的心脏在被取出龟体后还能跳动整整两天。这说明龟的心脏机能较强，由此推测，龟的长寿也应与此密切相关。

所以说，对龟类长寿原因的研究，从不同的角度出发，就会得出不同的结论。而对这些结论，我们又很难判断究竟哪一个对，哪一个错，或者各有道理。因此，要想解开龟类长寿之谜，还需要进一步的研究。

同时，我们还应该注意到，龟类的长寿也不是绝对的。由于疾病、敌害等原因，它们也并非个个都能"长命百岁"。尤其近年来，由于海洋环境污染的日益严重和人类无节制的捕杀，龟类的生命已经受到严重威胁，更别说长寿了。因此，我们既要研究龟，更需要保护龟。

最小的两栖动物——伊比利亚山蛙

如果你是巴西人，你肯定会说巴西的金蛙是最小的两栖动物。如果你是古巴人，那你肯定会说伊比利亚山蛙是最小的了。两者的平均长度都约是1厘米。但是考虑到古巴还有几种别的动物来竞争这个称号，包括德塔斯·得·朱丽亚蛙，它是以发现它的山脉名而命名的；还有更适当的，叫做黄带小蛙。因此看来把这项纪录给古巴是很公平的，因为那里确实盛产小型蛙类。事实上，古巴的两栖动物占加勒比海的两栖动物总数的1/3，而且令人惊讶的是其中94%的两栖动物在世界上其他地方没有。但是，有许多种类由于森林的过度砍伐、外来的入侵者如鼠和猫，或者采矿业而面临着灭绝的威胁。

动物小·知识

除了伊比利亚山蛙外，世界上只有4种青蛙的皮肤可分泌防御性毒素，其中包括臭名昭著的拉丁美洲箭毒蛙。目前尚不清楚伊比利亚山蛙分泌的毒素具有多大的致命性。

伊比利亚山蛙是1993年古巴生物学家阿尔伯特·爱斯特德发现的，当时他正在进行一次考察，打算寻找那种非常罕见的有着象牙鸟喙的啄木鸟（他很可能是最后一位于1986年在古巴看到这种大鸟的人了，虽然后来有人在美国的阿肯色州再次发现这种鸟）。他是通过伊比利亚山蛙发出的鸣叫声来确定它们的位置的。当他看到它的古铜色的带状纹和紫色的腹部，他就确定这是一种有待于研究的新物种。大多数科学家现在都认为它是世界上最小的四脚动物——这也意味着它是最小的四脚脊椎动物。

最长的孕期——阿尔卑斯山蜥蜴

　　阿尔卑斯山蜥蜴是所有"孕妇"中孕期最长的一个，它要怀孕 3 年零 2 个月——是所有脊椎动物中妊娠期最长的。蜥蜴的平均怀孕期是 2 年——比亚洲象的 20~22 个月的孕期还要长，而且，令人吃惊的是，雌性阿尔卑斯山蜥蜴长度还不到 14 厘米。那么它为什么要怀孕这么久？线索在于阿尔卑斯山的地理位置：潮湿但是寒冷，蜥蜴能够活动的春季和夏季很短。实际上，它活动区域的海拔越高，它的怀孕期就越长。这可能是因为海拔越高，寻找食物的难度越大，它很难在一个季节中找到维持它和正在成长的幼仔所需的足够食物。

 动物·小·知识

　　有的科学家对阿尔卑斯山蜥蜴的研究表明，影响蜥蜴性别的另一个因素是卵的大小。大的卵倾向于成为雌性，而小的卵倾向于成为雄性。

　　奇怪的是，阿尔卑斯山蜥蜴不产卵，而是在体内的两条输卵管（只有哺乳动物有子宫）中养育它的宝宝。它在每条输卵管中生产 20 个以上卵子，但是每条输卵管中只有一个卵能发育——其他卵为这两个幼体提供营养。更奇怪的是，这些幼体长着特殊的牙齿，能噬咬它们妈妈可再生的组织器官，来为它们提供营养，以维持漫长的怀孕期，让它们在出生前就从胚胎变成完全成形的蜥蜴。但是，它们一旦出生，妈妈的使命就完成了，它们就要自力更生了。

最长的蛇——网纹蟒

巨蟒的故事到处流传——这是由于许多早期探险家疯狂想象的结果。巨蟒很少静静地待着，人们很难估计或者测量它们的长度。事实上，巨蟒的皮肤常故意伸展开来，你根本觉察不到它的身体有任何扭曲。大多数生物学家都对巨蟒的长度超过9米的说法持有怀疑态度。

最出奇的莫过于有关南美水蟒的故事了。它很少有能长到6米的，但是很可能人类对它的夸张程度远远超过了任何一种别的动物。水蟒大部分时间都待在水里，因此，它可以支撑庞大的身躯（据记录，最重的蛇是一条重达227千克的水蟒）。但是1907年珀西·法斯特有限公司却声称发现了一条长18.9米的水蟒，很显然是夸张的说法。

 动物·小·知识

网纹蟒虽然身体细长，却是很强有力的掠食者。有许多人类被杀且吞噬的纪录。无毒，性情较温和。

但是雌网纹蟒确实常常可以长到6米，并且长度还会随着年龄的增长而增长，而大蟒可以活更长的时间。事实上，最长的蛇的纪录是一只雌网纹蟒，推测大概长10米，是于1912年在印度尼西亚的西里伯斯岛被杀死的。

一条大的雌蟒非常强壮，当它紧紧缠住猎物时，能使一只大型的哺乳动物窒息而死，并且能一口把它吞掉。其实，至少有一个关于网纹蟒的传说是可信的，那就是它的胃可容纳一个成人。但是，有关它的长度的最高纪录很可能要停留在过去，因为大部分的蛇在世界各地都被捕杀，几乎来不及长到成年就被杀死了。

最大的蟾蜍——海蟾蜍

一天，澳大利亚一位名叫鲍曼哈里的人在阿德莱德市的一条河里发现一条死亡的淡水鳄。他小心走近鳄鱼，仔细观察起来。这条死鳄鱼长达3米，是一条雄性淡水鳄，奇怪的是，在它的身上没有任何伤口，也没有任何搏斗痕迹。鲍曼哈里非常疑惑：到底是谁杀死了这条鳄鱼？

动物小·知识

海蟾蜍除了靠视觉来侦测猎物外，也可以使用嗅觉。它们主要吃细小的啮齿目、爬行类、其他两栖类、鸟类及多种无脊椎动物，也会吃植物、狗粮及垃圾。它们习惯于将猎物吞下。

带着疑问，鲍曼哈里将这条死鳄鱼送去解剖。通过解剖，他发现置鳄鱼于死命的竟然是当地的一种海蟾蜍。这是一种什么样的动物，居然能够将鳄鱼置于死地？原来，海蟾蜍是全世界最大的癞蛤蟆，最大的体长可达24厘米，重达13千克。它体态丰满，长相奇丑。它的眼睛后面和背上的腺体能分泌一种乳白色的毒素，这种毒素对很多食肉动物具有致命的杀伤力。遇到威胁时，海蟾蜍会将毒腺转向攻击者。毒液可通过受害者的眼睛、鼻子或嘴进入体内，导致攻击者全身剧痛、暂时失明或发炎。

最有弹性的舌头——变色龙

变色龙最著名的本领就是：它的身体能在短短10秒钟之内就会变成一种完全不同的颜色。除了能随时变色外，变色龙运用舌头的方式也相当奇特。

当变色龙捕捉昆虫时，它的舌头开始的速度相当缓慢，但是会马上加速到每秒6米。变色龙的舌头伸出的长度可以比它的体长的2倍还要多，因此它的舌尖可以很容易就够到目标。变色龙的舌头能粘住占它自身重量15%的猎物，个头较大的变色龙甚至还能抓住小鸟或者蜥蜴。变色龙的舌头富有黏性，可以快速轻易地把猎物拖回来。

动物·小·知识

变色龙是一种"善变"的树栖爬行类动物，在自然界中它是当之无愧的"伪装高手"，为了逃避天敌的侵犯和接近自己的猎物，这种爬行动物常在不经意间改变身体颜色，然后一动不动地将自己融入周围的环境之中。

那么，变色龙是如何做到这一切的呢？据观察发现，变色龙的舌头的骨头和肌肉有一些弹性胶原质组织，肌肉在舌头弹出去之前便伸展开来，如同弓弦伸展开来射箭一样。除此之外，在变色龙的舌尖上还有一种肌肉，这种肌肉在猎物被袭击之前能立即收缩，舌尖会立刻从凸出的状态转变成凹进去的状态，形成一个强有力的吸盘。最后，变色龙舌头上的肌肉以及特殊的纤维形成"超收缩"，就像一台手风琴砰地关上一样，猎物们就这么的被"舌到擒来"。

第四章

水生动物之最

水是生命的摇篮，在水中生活着种类繁多的动物。从生活环境上看，海洋、江河、湖泊、池沼以及陆地上都有它们的踪迹；从生活方式上看，有自由生活的种类，也有寄生生活的种类，还有共生生活的种类。它们身上还有着许多我们不知道的事……

最凶猛的淡水鱼——水虎鱼

　　水虎鱼主要生活在南美洲的亚马逊河流域，它们又被当地人称为"食人鲳"。水虎鱼鱼身粗短，牙齿像剃刀一样锋利。只需短短的几分钟，水虎鱼便能把猎物吃得只剩一堆白骨。因此，它们是南美洲乃至全世界最凶猛的淡水鱼。

　　水虎鱼是一种传统的卵生鱼类，在一年里可以进行多次繁殖，在繁殖期水虎鱼会将卵产在水中，一次可产上千颗的卵，卵具黏着性。受精卵经过36~48小时就能孵化出幼鱼，而且幼鱼在2天后吸收完体内的蛋黄素后就能自己摄食，只要经过15~18个月，幼鱼就能发育成熟。我们可以想象当某个水

域的水虎鱼越来越多时，对其他鱼类甚至人类来说是多么恐怖的事情。水虎鱼的天敌如水甲虫、短吻鳄和龟等动物只生长在原产地，所以，水虎鱼一旦离开原产地就几乎没有天敌，繁殖的速度也自然没有办法进行控制了。

成熟的水虎鱼，雌雄两性的外观相似，体侧有斑纹，背部是鲜绿色的，而腹部是鲜红色的。水虎鱼的听觉高度发达。水虎鱼的头占全身的比例很大，鱼身粗胖，体长不一，两颚短而有力，下颚突出，尖锐的牙齿为三角形，上下互相交错地排列在嘴中。它们咬住猎物后会紧咬着不放，以身体的扭动迅速将猎物的肉撕裂下来，轮流替换的牙齿使其能持续觅食。

水虎鱼喜欢聚集在一起组成群体进行觅食，有时一群的成员能够多达几百条，它们平时主要以其他鱼类为捕食对象，但有时也会对水中的其他生物发起攻击，其中还包括在水中活动的陆生动物和人类。水虎鱼凭借它们锐利的目光、灵敏的反应，还有对水波震动的灵敏感应来快速寻找食物。它们一旦察觉到水纹有变化时，就会迅速冲向水纹变化源，如果我们用肉眼来观察的话，见到的只是一闪而过的一团模糊黑影而已，其他什么都不会看到。

水虎鱼群体的胆子很大，它们甚至将比其大上好几倍的动物作为猎杀对象。如果它们看上的是条大鱼，那么它们会先采取策略。首先，用锋利的牙齿咬断大鱼的尾巴，让它无法逃走，然后再进食，每条水虎鱼会迅速在大鱼身上用力咬上一口，咬下一块鱼肉之后，就退了下来，把位置让给其他的同伴去咬。它们进食的速度相当快，转眼，一条肥硕的大鱼就被吃得干干净净，当水虎鱼离去之后，那儿就只剩一堆白骨。

水虎鱼主要分布在安第斯山脉以东、南美洲的中南部、巴西、圭亚那国境内的沿岸河流，栖息在主流或者较大的支流的河面较宽广、水流较湍急之处。在阿根廷、玻利维亚、圭亚那、巴拉圭、乌拉圭、巴西、哥伦比亚、秘鲁及委内瑞拉等国的河流内也有发现。在巴西的亚马逊河流域，水虎鱼位居当地人们称为"最危险的四种水族生物"的首位。

在巴西国内的马托格罗索州水虎鱼活动最为频繁，每年在河中被它们吃掉的牛约有1200头。一些洗衣服的妇女和在水中玩的孩子也会受到水虎鱼的攻击。因其凶残的特点，水虎鱼被称为"水中狼族"或者"水鬼"。

1996年2月，在南美洲的巴西境内，距巴西市亚马逊州首府马瑙斯市200千米的地方发生了一起车祸，一辆满载的公共汽车掉入了乌鲁布河中，而此河中常有水虎鱼出没，9个小时后，遇难的38名乘客，无一生还，而且大多尸骨无存。

动物·小·知识

当旱季水域逐渐变小时，食人鲳会聚集成大群，攻击经过此水域的动物。长久以来人们一直以为是血腥味引发了大群食人鲳的攻击，最近才有人提出是落水动物造成的噪音引起了它们的注意。

可怕的水虎鱼正在飞速地向世界各地蔓延。2007年7月2日，美国夏洛特西北部的一位名叫杰里·迈顿的渔夫抓了一条"鲶鱼"当晚餐，在他准备进食时，一件奇怪的事发生了，当他用小折刀撬开这条"鲶鱼"的嘴之后，这条鱼却使劲咬住了他的刀片，在他拔出刀片后发现上面留下了很深的牙印。

他很震惊，急忙将这条"鲶鱼"送去研究。

美国国家野生动植物官员用了一个星期进行鉴定，他们认为杰里捕捉到的这条"鲶鱼"实际上并非真正的鲶鱼，而是原本生活在南美洲的水虎鱼，这是一种食肉类淡水鱼。至于这条原产南美的水虎鱼为何会出现在美国的卡托巴河里，鱼类研究者保罗·巴林顿认为，或许是那些把水虎鱼当成宠物饲养的人把它们丢弃在河里的结果。

当然并非世界上所有的水虎鱼都具有强烈的攻击性，在目前已知的30多种同属的水虎鱼中，有些水虎鱼就根本不具有一点攻击性，而是吃素的。

生物学家分析，影响水虎鱼的攻击欲望的因素不是单一的，而是多种因素共同作用的结果。其中包括干旱的天气使河流的成水位降低，由此导致河流中可以供水虎鱼生存的食物大量减少所造成的饥饿，以及聚集在同一区域的水虎鱼同类数量太多等因素。如果在水虎鱼的数量急剧增多的情况下，又出现了饥饿的生存环境，那么它们的进攻欲望就会非常强，当水虎鱼难耐饥饿的时候，甚至连海鸟类的动物也难保自身的安全，那些苍鹭、白鹭等贴近水面低空飞行的动物可能就会一瞬间消失在鲜血和浪花之中。但是，如果水虎鱼生存条件优越，就不需要过度担心它们会伤害人类。在英国伯明翰的水族馆里，水虎鱼每天的食物都是用维他命浸泡过的美食，它们惟一要做的就是控制食量，以便好好保持自己的身材。

最毒的鱼——石鱼

石鱼又叫做毒鲉、海底"忍者"、瑰玫毒鱼由、老虎鱼、石头鱼，属暖水性底层鱼类。为毒鲉科有毒热带鱼类。背鳍长有尖刺，可释放毒液，是毒性最强的鱼类。背鳍棘被有厚皮，基部有毒囊，被其刺伤后会感到疼痛难忍。体长一般为15~25厘米，体重为300~500克，躲在海底或岩礁下，将自己伪装成一块不起眼的石头，即使人站在它的身旁，它也一动不动，让人发现不了。石头鱼属于鱼由科，身体厚圆而且有很多瘤状突起，好像蟾蜍的皮肤。体色随环境不同而复杂多变，像变色龙一样通过伪装来蒙蔽敌人，从而使自己得以生存。通常以土黄色和橘黄色为主。它的眼睛很特别，长在背部而且特别小，眼下方有一深凹。它的捕食方法也很有趣，经常以守株待兔的方式等待食物的到来。

动物小知识

石鱼不会主动对人发起攻击，但任何人也不敢冒险与之亲密接触。石鱼背上的棘刺能够抵御鲨鱼或其他捕食者的进攻。所释放的毒液能够导致暂时性瘫痪症，不经治疗便会一命呜呼。

石鱼主要分布在印度洋和太平洋热带海区，我国仅见于南海。生长在澳大利亚南岸的石头鱼就象是海上的岩石或者珊瑚。石鱼的毒液会引起剧烈的疼痛，并使被毒害的动物休克死亡。

石鱼通常伏于水底不动，它的体形与颜色常同周围环境混为一体，让人不易察觉，一不小心就要受其所害。石鱼的硬棘有着致命的剧毒，人们一旦不留意踩着了它，它就会毫不客气地立刻反击。石鱼的脊背上那12~14根像针一样锐利的背刺会轻而易举地穿透人的鞋底刺入脚掌，注入其致命的毒液。人体在中毒后会立即出现呼吸困难、浑身剧烈疼痛等症状，并伴随有恶寒、发烧、恶心，进而会引起昏厥、神经错乱、呕吐胆汁，接着心脏衰竭、血压下降，从而致使人的皮肤在1个小时之内变成蓝色，紧接着，中毒者会胡言乱语、谵妄无知，最后呼吸麻痹，失去知觉。普通人一旦被石鱼刺伤，会在2~3小时之内死亡，即使是免疫力最强的人，也会在24小时之内死亡。

最大的淡水鱼——鲟鱼

鲟鱼是世界上现有鱼类中体形大、寿命长、最古老的一种鱼类，迄今已有2亿多年的历史，起源于亿万年前的白垩纪时期，素有"水中熊猫"和"水中活化石"之称，是现存的古老生物种群。

鲟鱼以其奇特的体形而被作为观赏鱼饲养。鲟鱼的头呈犁形，口下位，尾歪形，体背5行骨板。其幼鱼与成鱼均具观赏价值，其中史氏鲟（分布于黑龙江）自人工繁殖成功后，其幼鱼已正式作为观赏鱼进行人工饲养。多数种类的常见个体都在几十千克至数百千克，欧洲鳇最大个体1600千克，我国中华鲟最大个体600千克。

动物小·知识

　　鲟鱼体形如同鲨鱼，在水中能平游、仰游、侧游、垂直游，像潜艇一样十分壮观。它还有较高的研究价值，与恐龙起源于同一个时代，恐龙已灭绝，而鲟鱼却能顽强地生存了下来，是当今世界各国科学研究地壳变迁的"活化石"。

　　中华鲟、史氏鲟和达氏鳇是我国3种主要的鲟鱼种类，其中的重要品种中华鲟是我国珍稀水产动物，不但具有重要的科研价值和特殊的学术意义，而且具有很高的经济价值和药用价值，被国家列为一级保护动物，是古今中外人们喜爱的水产品。

最大的乌贼——大王乌贼

　　大王乌贼主要分布于北大西洋和北太平洋海域的深海地区，它是世界上最大的乌贼。大王乌贼是一种体型巨大的软体动物。白天，它们一般在深海中休息，晚上则会游到浅海区域觅食。幼年的大王乌贼体长为3~5米，成年的大王乌贼体长可达18米。大王乌贼的祖先为箭石类，它们出现于2100万年前的中新世。乌贼约有100种，体长不等，身体稍扁，两侧有狭窄的肉质鳍。乌贼共有10条腕，其中有8条短腕，还有2条长触腕以供捕食用，腕及触腕顶端有吸盘。

　　因为大王乌贼一直在深海生活，难以捕捉，所以人们对它了解得很少。

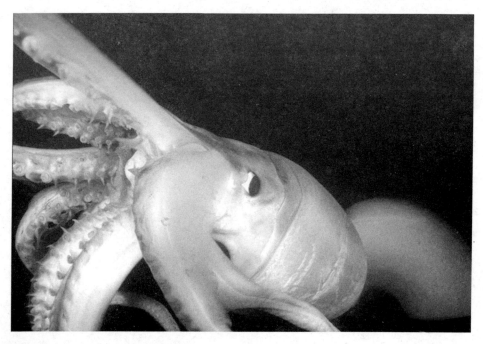

直到1877年，人们才第一次在北大西洋纽芬兰的海滩上找到了一具大王乌贼的尸体，并据此制作了一具大王乌贼标本。

以后，在加拿大的海滨又发生了几次大王乌贼的残骸被冲上岸的情况，其中有一次还是活体的大王乌贼。根据这些实体，人们终于获取了大王乌贼的一些基本情况。2005年9月29日，日本科学家首次在日本小笠原群岛海岸附近900米深处的海洋里，拍摄到了这种神秘生物的深海栖息情况。

大王乌贼的体长最大可达21米，重2吨。它们的眼睛大得让人吃惊，直径大约为5厘米；吸盘的直径也在8厘米以上。大王乌贼最显著的特点是有一对极长的触须，这对触须甚至占它们身体总长度的2/3。

大王乌贼的血液呈蓝色，含有血蓝蛋白，但是它的血液中不含有血红素。这是人们从捕到的抹香鲸的胃里发现的，因为人们在抹香鲸的胃里找到了大王乌贼的躯体，虽然那只是大王乌贼的触手和两颌，以及躯体部分。

动物·小知识

> 　生活在深海的大王乌贼性情非常凶猛，能在漆黑的海水中捕捉到猎物，它们以鱼类和无脊椎动物为食。大王乌贼的10个腕如同它的"手臂"，是它捕猎时的主要武器，"手臂"上的圆形吸盘的边缘有一圈小型锯齿。大王乌贼与动物搏斗时，利用"手臂"就可以把对方的肉吸出，并在动物的身上留下很多圆形的伤疤。

因为大王乌贼是抹香鲸最喜欢的食物，所以为了生存它常常不得不与抹香鲸展开激烈的战斗。它们在一起打斗时，抹香鲸会拼尽全力咬住大王乌贼的尾部，大王乌贼则会用吸盘吸住抹香鲸的身体，并且用它粗壮的触手紧紧钳住抹香鲸的鼻孔，使抹香鲸不能顺畅地呼吸。两只深海巨兽猛烈地对打、翻滚，一直从深海激战到浅海，搅得浊浪滚滚，它们一直战斗到能分出胜负为止。虽然大部分的较量都以大王乌贼的失败、抹香鲸的胜利而告终，但并非绝对，也有过抹香鲸失败而大王乌贼取胜的情形。

乌贼是游泳速度最快的海洋生物之一，它在海水中游泳的速度能高达15米/秒，最快时速甚至能达到150千米。与一般的鱼靠鳍游泳有所不同，乌贼是靠肚皮上的漏斗管喷水的反作用力而飞速前进的，这股反作用力使乌贼的身体就像炮弹一样，能够在空中飞行50米左右。它还能使乌贼从深海中跃起，跳出水面7~10米。据此，我们就可以想象一下大王乌贼以这种速度飞出海面会是什么情形了。所以，大王乌贼是快速凶猛的捕食者。

放电能力最强的淡水鱼——电鳗

电鳗生活在南美洲亚马逊河和圭亚那河之中，它们身体修长，外形和鳗鲡极其相似，重达20千克，体长有2米左右，身体表面十分光滑，没有鳞片，背部是黑色的，而腹部是橙黄色，没有背鳍和腹鳍，但臀鳍很长，并且是有用的主要器官。

电鳗是一种淡水鱼，而且是放电能力最强的淡水鱼。它们的尾部两侧分别有两个类似发电器的东西，而且由脊髓内发出的大量神经通入"发电器"里面，这些神经能控制"发电器"发出不同强度的电流。电鳗能发出的最大电压可高达800伏以上，这样的电压在水中的有效范围在3~6米之间，曾经就有不少的当地涉水者，因不小心触及电鳗而被它发出的电击晕，甚至因此跌入水中被淹死。

电鳗放电的主要作用是为了猎取食物和防御敌害，而且电鳗放电或许还出于它自身的生理需要，因为放电能给电鳗提供生活所需的足够氧气，所以，电鳗能在死水中正常生活。

蟹、虾、小鱼、甲壳动物和水生昆虫都在电鳗的食谱上，电鳗喜欢在夜间捕食，有时也吃动物腐烂的尸体，生物学家们还曾经在部分个体的胃中发现有高等植物的碎屑。它们的摄食强度及生长速度随水温的升高而有所增强，一般在春、夏两季达到最高峰。

电鳗和很多其他鱼不一样，是一种降河性洄游鱼类，生于海中，但在淡水中长大生活，在繁殖后代时又回到海中产卵。当每年的春季来临时，大批量的幼电鳗成群结队地自大海游入江河口。雄性的电鳗通常就待在江河口成长，但是雌性电鳗则还要逆水上溯进入与江河相通的湖泊中生长，有的雌性电鳗甚至会跋涉几千千米到达江河的上游水体中去生活。它们在江河湖泊中生长、发育直到长大。电鳗往往在白天休息，晚上活动，喜欢流水、弱光、穴居的生活环境，具有很强的溯水能力。

 动物·小·知识

电鳗的放电特性启发人们发明和创造了能储存电的电池。人们日常生活中所用的干电池，在正负极间的糊状填充物，就是受电鳗发电器里的胶状物启发而改进的。

电鳗个体在到达性成熟年龄的时候，会在秋季大批向河流下游游去，在江河口的水中与雄电鳗会合后，会一起继续游到海洋中完成繁殖下一代的任务。生物学家推测，电鳗产卵的场地在北纬30°以南和中国台湾地区的东南部的沿海，那里的水深在400~500米之间，水温在16~17℃，海水含盐量在

30‰以上，很适宜电鳗产卵。每只雌电鳗一次可产卵700~1000万粒。卵的直径为1毫米左右，非常小，浮性，10天内就可以孵化。孵化后的子鱼逐渐上升到水表层，以后就随海流漂向中国、朝鲜、日本等国的沿岸地区，此时的子鱼约为一岁，冬春季节在近岸处变为白苗，而且随着色素的逐渐增加而变为黑苗。子鱼在白苗时就开始溯河而上，后期则以黑苗为主，混杂有少量的白苗。电鳗的性腺在淡水中发育得不是很好，因而不能在淡水中进行繁殖，雌电鳗的性腺发育在降河洄游入海之后完成。

近年来，随着科学技术的发展，科学家们对各类生物的研究也越来越深入。他们的研究表明，在自然界中全部有生命迹象的生物在生命活动中都会发出一些电流，包括人类自己。不过因为这种电流极其微弱，不易被人们觉察到，也不会对人类有什么破坏性的影响。

科学家分析，电鳗的内部有140行左右所谓的生物电池共同串联或并联在一起。虽然电鳗的头尾电位相差高达750伏特，但是因为它体内的生物电池的并联把电流分散掉了，所以，实际上每行通过的电流跟它在电鱼时所放出的电流差了很多，因此电量也就小得多了。这样，它们才不会在放电电鱼时，把自己也给电死了，而它所放出的电也根本电不死人。

事实上，电鳗放电时，由于消耗的体力很大，放电后会显得十分无力，所以必须好好休息，才能慢慢恢复原来的发电能力，并不能连续不断地放电。不过，电鳗什么时候放电，电量能够有多大，放电的时间能够持续多长，自己完全可以控制。

夏眠时间最长的鱼——肺鱼

夏眠时间最长的鱼是非洲的肺鱼。肺鱼的生理构造与其他鱼不同，它有肺部器官，因此，它能较长时间在陆地上生活，不至于因为没有水而渴死。它常常在深夜里从浅水的池塘爬到陆地上捕食昆虫。

动物·小·知识

肺鱼在旱季河流干枯时，可以钻进泥中，用分泌的粘液包裹自己，免遭灭顶之灾。就这样，肺鱼在自己的"蛋"中"半死亡"几个月，甚至于好几年。待河水充盈时，它再破"壳"而出，重获新生。

　　非洲的旱季时间比雨季长，干旱时间半年才能过去。非洲的旱季一到，气候炎热、干燥，大地干枯、江河、湖泊断流，大型哺乳动物为争夺有限的水源而互相厮杀。而肺鱼从来不为缺水而操心。在旱季到来之前，它就大量捕食，养得膘满肉肥，皮下长出厚厚的一层脂肪。旱季一到，其他鱼类因不能忍受无水的折磨而被干死，而肺鱼却具有战胜干旱的本领。当池水干沽时，它就很快到池塘底部的淤泥里挖一个50~60厘米的深洞，而后钻进去蜷缩成一团，头高高地仰起（便于呼吸）。这时，它的皮肤不断地分泌浓液，以保持洞中湿润。过一段时间后，它排出的浓液与洞周围的软泥结合成一体，形成一个硬壳，将它紧紧地包在里边。有了这种保护措施，它便安然无恙地夏眠了，一睡就是6个月。当雨季到来临时，天空中阴云密布，雷声隆隆大雨倾盆，肺鱼便应时破洞而出，钻入积满水的池塘中去了。

游得最快的鱼——旗鱼

要测出鱼类的游泳速度是一件相当难办的事情，因为没有人能举行一场公开的鱼类游泳比赛，我们只能依靠渔夫们的估计。旗鱼的掠食性以及它的身体构造都表明它具备快速游泳的条件。它的鼻子像喷气机，吻部似长箭，

这种"流线型"的结构使它前进时遇到的阻力很小。毫无疑问，它的游速很快，据可靠记录，一只旗鱼在3秒钟之内就把一名渔夫的线拉出了91米远，比全速奔跑的猎豹的速度还要快（虽然估计陆地上的跳跃速度与水中的全速游泳速度并不完全一样）。

动物小·知识

　　旗鱼的攻击力很强。它那骨质利剑——尖长喙状物部——非常坚硬。据有关资料记载：第二次世界大战后期，一艘满载石油的英国轮船"巴尔巴拉"号在大西洋上航行，就曾遭到旗鱼的攻击。

　　游泳速度紧排在旗鱼之后的其他的鱼类按顺序排列有：箭鱼、枪鱼、黄鳍金枪鱼和蓝鳍金枪鱼。旗鱼以及其他游得快的食肉动物游速快的秘诀就在于它们的肌肉组织。旗鱼有大量的白色肌肉（有利于加速，而不是为了耐力），还有大块的红色肌肉（需要更多的氧，但是有利于保持较快的游速）沿着侧腹向前推进。由红色肌肉纤维产生的大量热量被血液动脉中特殊的网状物保留住，使得血液比外面的水的温度要高。它还能把血液传到大脑和眼睛，这有利于它发现并追踪在又冷又深的水中的猎物。

　　人们发现它那大大的背鳍就像船帆一样，在急速转弯时能帮助它控制方向。而当它在围捕猎物时，大大的背鳍又使它的块头看起来更大。它在水面上时，背鳍起到船帆的作用，当它暴露在阳光下的时候，背鳍还能帮助体内的血液变暖。

地球上最大的动物——蓝鲸

　　蓝鲸拥有动物世界中的很多顶级头衔，包括最重的身体、最大的噪音、最大的食量、捕食的猎物最小（相对于它的体型而言）。它还是最神秘的动物之一——尽管它的体型很引人注目，但是人类对于它的生活方式却了解甚少。它平均能长到24~27米，全世界蓝鲸的最长记录是33米多，最重的记录是190吨。

　　令人惊讶的是，它的食物是一种极其微小的、像小虾一样的动物——磷虾，它每天要吞下大约4吨左右的这种高营养的甲壳类动物。在动物王国里，它的噪音最响亮，它的低频声音真的能传到数百甚至数千千米远的地方，但是没有人知道这种强大的发声法是否是用来远距离传达信息的，或者是用水下超声波来帮助远距离航行的。

动物小·知识

　　蓝鲸的头非常大，舌头上能站50个人。它的心脏和小汽车一样大。婴儿可以爬过它的动脉，刚生下的蓝鲸幼崽比一头成年象还要重。

　　蓝鲸的体型和游泳速度使它不易于被旧式的捕鲸船捕获，但是有一个残酷的事实是：在20世纪，大约有35万头蓝鲸被机械化的捕鲸船捕杀掉。几乎世界各地的蓝鲸数量都急剧地减少了，有的地方甚至减少了将近90%。现在各国政府都已经下令禁止捕杀蓝鲸。只有加利福尼亚沿海的蓝鲸数量有所增长，而在世界上的其他地方，这种非凡的巨型动物的未来依然令人担忧。

潜水最深的动物——抹香鲸

"海中霸王"抹香鲸可以称得上是真正的潜水冠军，它潜入水下可达1小时之久，即使是在深达2200米的海底，它依旧可以出入自如。

众所周知，海洋哺乳动物和人一样，都是用肺呼吸的。人类的屏吸时间一般只有1~2分钟，潜水深度则不超过20米。即使是经过专门训练的潜水员，也只能潜到70多米的深度，与抹香鲸相比真是"小巫见大巫"了。抹香鲸的举止与其说像呼吸空气的哺乳动物，倒不如说像潜水艇。它们常潜于寒冷、黑暗的海底深处，去猎取深水鱿鱼、鲨鱼或者其他的大型鱼类。

抹香鲸常与无脊椎动物之最的大王乌贼之间展开一场刀光剑影的相互残杀，大王乌贼最大者达18米，重1.5吨。有人曾在热带海洋看到抹香鲸与巨乌贼搏斗的激烈场面，它们从深海一直打到浅海，不是抹香鲸吃掉大王乌贼，就是大王乌贼用触腕把鲸的喷水孔盖住使巨鲸窒息而死，那样，抹香鲸反倒成为大王乌贼的"美餐"了。不过，大多场合是抹香鲸胜。

动物·小知识

人们发现在抹香鲸胃中的大王乌贼没有被牙齿咬啮的痕迹，还有人在抹香鲸腹中度过一天一夜居然没有死。这说明，抹香鲸虽有强大的牙齿，但并不完全靠牙齿咀嚼食物。

1991年，在加勒比海的多米尼加岛屿附近，科学家发现了一件令人难以置信的事情———抹香鲸可以潜到2000米深的海底。但是，还有间接证据表

明抹香鲸还能潜得更深。例如，1969年8月25日，在南非德班市以南160千米处，捕鲸人捕猎了一头雄性抹香鲸。在这只抹香鲸的胃里，人们发现了两只小鲨鱼，据说这种鲨鱼只在海底生存。由于那一带水域在48~64千米的范围以内的水深超过3193米，所以从逻辑上可以设想，这只抹香鲸在追捕猎物时曾到过类似的深度。

抹香鲸还创造了哺乳动物当中潜水时间最长的纪录。从它开始捕捉那两只小鲨鱼算起到它露出水面呼吸为止，它在水下大约待了1小时52分钟。

最凶猛的鲸——虎鲸

　　虎鲸是生活在海洋中的大型哺乳动物。身体呈流线型，表面光滑，皮肤下面有一层很厚的脂肪层，用来保持身体的热量。背上长有一鳍，能在水中保持平稳，四肢退化，前肢变为一对鳍，后肢已经消失。虎鲸是用肺呼吸的，经常要浮出水面换气，所以它的鼻孔生在头顶，鼻孔朝天并有开关自如的活瓣。当虎鲸浮上水面时，活瓣就可以打开，进行呼吸；同时鼻孔里喷出泡沫状的气雾。很多人以为这是一股水柱，其实这是它呼出的热空气，一旦接触外界冷空气后就凝结成小水珠而形成了雾柱。虎鲸是胎生动物，喜欢群居，一夫多妻，几乎终年都可交配。

动物小知识

　　鲸群内没有父子关系和父女关系，雄性的责任是出去寻找食物，然后引导鲸群集体猎杀，分工明确，没有地位的高低；而母女、母子关系则非常稳定，是一辈子的关系，一般不会离群。如果出现孤鲸的情况，原因一般是受伤或迷路。

　　虎鲸的性格非常凶猛，胆大狡猾，残暴贪食，是海洋中最凶残的猛兽。它们长着一口锋利的牙齿，在海中专门袭击海豚、海豹、海狮、海象等大型动物，甚至袭击巨大的蓝鲸。由于它们凶如猛虎，所以叫它虎鲸，此种群是极为濒危的鲸类种群之一。朝鲜种群数量最多时也不到110头，而且这个种群的虎鲸肩胛骨隆起，颈部变窄，身体异常消瘦。

最古老的鲸——灰鲸

灰鲸是世界上现存最古老的鲸类，属于鲸目灰鲸科，本科仅此一种。灰鲸原本在北太平洋及北大西洋皆有分布，但北大西洋的种群由于人类的过度捕猎，已于17~18世纪间灭绝。1946年，国际捕鲸委员会宣布禁捕灰鲸，我国在1980年成为国际捕鲸委员会的缔约国之后，将灰鲸列为国家二级保护动物。

灰鲸的主要特征是：身体呈斑驳的灰色，常常满身都是疤痕，又因为有许多的藤壶及鲸虱寄生，所以身体常缀有一块块白色或橘黄色的块状物，也有人称它们是"灰色的沿岸游泳者"。灰鲸没有背鳍，头呈"V"字形，喷气孔位于头顶的浅凹处，它们喷出的雾柱又矮又粗，深潜时可达3~4.5米。灰鲸腹面没有喉腹褶，但喉部有2~7条凹槽，约有140~180枚鲸须，呈黄白色，其胸鳍小，呈桨状，末端尖锐，雄性个体最大体长为14.6米，雌性为15米。

目前，灰鲸仅存于北太平洋，分为两个种群：一为东侧的加州种群，洄游路线为墨西哥加利福尼亚半岛的南方繁殖区至阿拉斯加的白令海、楚科奇海及波弗特海西部的摄食区之间。该种群经过数十年的保护，资源量已接近历史的最高水平，达2万头左右；另一种群为西侧的朝鲜种群，有的学者曾认为该种群可能已经灭绝，后根据在中国和日本的搁浅记录和海上观察的结果，证明该种群尚未灭绝。

动物小·知识

灰鲸经常聚集在一起喷水嬉戏，此时是它们感情交流的好时机，

同性之间的性行为互动也很普遍。在海水中游来滑去肆意纵情之时，通常会有5头雄灰鲸组成一组，翻来滚去，喷水戏耍，它们会互相摩擦彼此的腹部，以让生殖器官互相接触。

灰鲸是哺乳动物中迁徙距离最长的种类，迁徙距离长达10000~22000千米。灰鲸在每年的4~11月往北迁徙至白令海峡水域，往返于阿拉斯加与西伯利亚之间的海岸附近。此时水温、光照都较适宜，食物丰富，灰鲸可以尽情享受美餐，以便在寒冷的冬季来临之前，在自己的皮下积累一层厚厚的脂肪。每年12月到次年4月灰鲸开始南移，穿过阿留申群岛，沿着北美洲大陆沿岸南下，平均每天行进大约185千米，到达它们冬天的乐园——水温较高、光照充分的加利福尼亚半岛的西侧以及加利福尼亚湾的南侧。这时，正值它们的恋爱季节，也是最佳的繁殖时期，成年鲸在繁殖区进行交配，经过12~13个月的怀孕期，雌鲸就生下单胎的小灰鲸。刚出生的仔鲸全身呈暗灰色，体重约500千克，体长4~5米。由于灰鲸母奶中的脂肪含量为55%，所以幼鲸的成长速度非常快。灰鲸的哺乳期约为9个月，一头雌鲸大约每隔一年才能繁殖一次。在温暖的水域，鲸的食物通常比较匮乏，因此成年鲸会在生育时禁食，等待幼鲸长大，再带着它踏上北上之路去觅食，但路线与南下时不同，从夏季的素饵场所到冬季的繁殖场所之间的往返距离大约为18000多千米。

灰鲸虽然体型庞大，但性情却很温顺，从不伤人。一些灰鲸特别喜欢发出一种"哼哼"声，每小时大约发出50次，每次持续2秒钟左右，频率范围在20~200赫兹之间，强度可达160分贝。人们对它们发声的原因尚不清楚，有人认为是它们利用回声定位或者群体成员之间交流的信号，也有人认为是对暴风雨、地震等自然现象的本能反应，也有可能是它们对于"失恋"的叹息，或者是一种愤怒和发泄。

智商最高的海洋动物——海豚

　　提起海豚，人们都说它很聪明，一些实验似乎也证明了海豚的智力不一般。例如：20世纪70年代，2头海豚在科学家的训练下，很快就记住了25个单词。21世纪初，又有2头海豚在科学家的训练下，用3年时间学会了700个英文词汇。那么，这是不是就证明海豚的智力非同凡响了呢？

　　在心理学上，"智力"一词大致包含三种意义：一是从过去经验中获取教训的学习能力；二是对于各种不同状况的适应能力；三是利用语言或符号等从事抽象思考的能力。海豚确实具有与众不同的学习能力。1959年，美国一位

研究人员做过这样一个实验：他把电极插入一头海豚的快感中枢和痛感中枢，当电流通过电极刺激海豚的快感中枢神经或者痛感中枢神经时，海豚会产生快感或痛感。随后，他又训练海豚触及其头上的金属小片，控制电流的通断。如果电极插在海豚的痛感中枢，海豚只要训练20次就会选择切断电源的金属小片，使痛感消失。

至于海豚的适应能力，从它们能做出各种难度较高的杂技表演动作、能与人有效地"沟通"等方面，可以得到证明。例如，在水族馆里，海豚能够按照训练师的指示，表演各种动作。而且，它们似乎能了解人类所传递的信息，并采取相应的行动。日本的黑木敏郎教授研究海豚的语言后认为，它们不仅有通用的"普通话"，还有特殊的方言。大西洋的海豚有17种语言，太平洋的海豚有16种语言，其中有9种语言是通用的。虽然目前科学家无法通过观察野生海豚的行为来证明其具备运用语言或符号进行抽象思考的能力，但也不能就此认为海豚没有抽象思考能力，也许只是需要时间证明。

动物·小·知识

海豚是在水面换气的海洋动物，每一次换气可在水下维持20~30分钟，当人们在海上看到海豚从水面上跃出时，这是海豚在换气。同时，海豚的栖息地多为浅海，很少游入深海。

不仅如此，科学家通过解剖还发现，海豚的脑部非常发达，不但大而且重。海豚大脑半球上的脑沟纵横交错，形成复杂的皱褶，大脑皮质每单位体积的细胞和神经细胞的数目非常多，神经的分布也相当复杂。例如，大西洋瓶鼻海豚的体重250千克，而脑部重量约为1500克，脑重和体重的比值约为0.6%，这个比值超过大猩猩或猴类等灵长类。研究还发现，大西洋瓶鼻海豚大脑皮质的皱褶甚至比人类还多，而且更为复杂，这就说明它脑部的记忆容量或信息处理的能力均与灵长类不相上下。

　　至此，似乎可以证明海豚确实拥有超常的智力了。然而，德国波鸿市有两位科学家提出不同的看法：海豚的智力并不比其他动物高多少。他们认为，海豚大脑中的神经细胞只相当于其他哺乳动物的1/3，而且别的动物也能进行抽象思维或解决问题，有些动物的学习速度甚至更快。许多动物都可以理解人们的形体语言，并完成所要求的任务。两位科学家认为，海豚的智力主要表现在其听觉特别发达，它的大脑中绝大部分神经细胞都是为这一功能服务的。

　　南非学者曼格尔的研究，是对德国两位学者的有力声援。他也认为，海豚的智商其实不高，甚至低于实验室的老鼠。曼格尔在实验中发现，海豚虽然拥有发达的大脑，内部却以胶质居多，神经元很少，而这样的结构是没有足够的能力来处理外界资讯的，因为脑部需要大量的胶质来维持体温，海豚的脑容量虽大，却与智力无关。曼格尔还举例说明，如果老鼠箱没有加盖，老鼠会设法爬出箱子，以扩充自己的生活空间，而海豚处于相同环境中却没有类似行为，甚至不曾跳到别的水池。然而，人们一直都认为海豚很聪明，并且有太多证明其聪明的例子，曼格尔等人的观点要得到大多数人的认同恐怕还需要时间。

最悲壮的生命之旅——三文鱼

　　每年10月，成千上万条三文鱼在加拿大的佛雷瑟河口集结，然后浩浩荡荡地逆流而上，洄游到自己的出生地。在前进的路上，迎接它们的是无数急流和险滩、石壁与水坝，还有鲨鱼与鲸的血盆大口，渔民们密密麻麻的渔网。它们随时都有可能丢失性命，然而它们年复一年地与逆流搏击，前仆后继地走上这段悲壮的生命之旅。其实，不仅三文鱼，大多数鱼类都有这种特殊的洄游行为。它们为何要冒着生命危险洄游呢？

　　对此，科学家们提出了很多观点。有一种观点认为，鱼类的长途洄游大多数是由水流的作用引起的。首先，对于幼鱼洄游来说，它们缺乏必要的运

动能力，无法与强大的水流搏击，因而只能被水流"挟持"着移动。其次，水流在很大程度上左右了许多成鱼的洄游。需要说明的是，由于鱼类身体两侧的感触器官——"侧线"对水流的刺激非常敏感，能帮助鱼类确定水流的速度和识别方向，所以不同的鱼类对水流的刺激作用的反应也不同，有的逆流而上，有的顺流而下。

动物小·知识

　　三文鱼在跳跃的过程中身体会不停地撞击河床上的石头，它们的血管会不断破裂，身体逐渐变得通红，所以人们看到三文鱼在下游时身体的颜色会和到了上游的颜色不同。上游三文鱼就变成红色了。

　　另一种观点认为，鱼类的洄游除了受到外界环境的影响外，也有可能出于鱼类本身的生理需求，这种洄游主要是在生殖期间进行的，被称为生殖洄游，三文鱼的洄游行为就属于此列。当鱼类的性腺发育到一定阶段后，由生殖腺分泌到血液中的性激素就会发挥作用，迫使它游向沿岸水温高、盐度低的水域产卵。到达产卵地后，它们往往顾不上休息，成双成对地挖坑产卵。产卵完毕后，就会精疲力竭地死去。

　　还有一种观点认为，太阳黑子对鱼类的洄游也有影响。科学家在研究中发现，太阳黑子活动的强弱会影响太阳辐射出的热量和射出粒子的数量，而这种变化又会通过引起大气环流的变化导致水温变化。研究人员观察到，当太阳黑子活动强烈、大气温度和海水温度升高的时候，鳕鱼的洄游路线会受到很大影响。研究表明，太阳黑子每11年产生一次强烈的活动，而鳕鱼的洄游路线也每11年变化一次，两者变化的周期相吻合，说明两者之间可能有一定的关联。

最毒的水母——澳洲方水母

世界上最危险的水母是澳洲的方水母，它的毒性比眼镜蛇的毒性还大。澳洲方水母一般分布在澳大利亚沿海，经常漂浮在昆士兰海岸的浅海水域。成年的澳洲方水母的体型有足球那么大，呈蘑菇状，颜色近乎透明。以水母为主食的太阳鱼和海龟是它的克星。

动物·小·知识

若有人不慎碰到方水母身上的微小细胞，可能会很快死亡。在澳大利亚昆士兰州沿海，25年来因中方水母中毒而身亡的人数约有60人，可与此同时死于鲨鱼之腹的只有13人。

澳洲方水母之所以获此怪名，是因为它的外形微圆，像一只方形的针。在澳洲方水母的身体两侧各有两只眼睛，可以感受光线的变化，它的身后则拖着60多条带状触须。这些触须正是澳洲方水母身上最可怕的地方，它能伸展到3米以外。在每根触须上，都排列着密密麻麻地囊状物，每个囊状物又都有一个空心"毒针"。一个成年的方水母的触须上带有的毒囊和毒针，足够用来杀死20人。

除此之外，澳洲方水母的触须上还有能够识别鱼虾或人的表皮上的蛋白质的感受器。一旦发现了猎物，澳洲方水母便会快速漂过去，用触须牢牢缠住猎物，并立即用毒针喷射毒液。

澳洲方水母的毒液一旦喷射到人的身上，人的皮肤上就会立即出现许多条鲜红的伤痕。而毒液会很快就侵入到人的心脏，人在2~3分钟内就会死亡，连抢救的时间都没有。

最毒的章鱼——蓝环章鱼

　　蓝环章鱼是最毒的海洋生物之一，它体内的毒液可以在数分钟内置人于死地，目前医学上仍未有解毒的方法。人被这种章鱼蜇刺后几乎没有疼痛感，1个小时后，毒性才开始发作。幸运的是蓝环章鱼并不好斗，很少攻击人类。如果蓝环章鱼受到威胁，它们身上的蓝色环就会闪烁，向对方发出警告，"蓝环章鱼"之名就是由此而来。

　　蓝环章鱼主要栖息在日本与澳大利亚之间的太平洋海域中。

　　蓝环章鱼的颌像鹦鹉的喙，咬的力量非常大，能将触腕抓到的食物撕咬着吃。当它咬到目标后，就将毒液经唾液腺注入猎物的伤口。据报导，因被蓝环章鱼咬伤而毙命的事例有不少。在澳大利亚，一位潜水者抓到一只小的蓝环章鱼，大小只有20厘米，觉得很好玩，让它从胳膊上爬到肩上，最后爬到颈部背面，在那里呆了几分钟，不知出于什么原因，它朝潜水员颈部咬了一口，

并咬出了血，没过几分钟，受害者感觉像是病了，两小时后不幸身亡。

尽管蓝环章鱼体型相当小，但是对人危害非常大。一只这种章鱼所分泌的毒液，足以使10个人丧生，严重者被咬后几分钟就毙命，而且目前还无有效的抗毒素来预防它。章鱼的毒液能阻止血凝，使伤者的伤口大量出血，且感觉刺痛，最后全身发烧，呼吸困难，重者致死，轻者也需治疗3~4周才能恢复健康。

动物·小·知识

蓝环章鱼不会主动攻击人类，除非它们受到很大的威胁。大多数对人类的攻击发生在蓝环章鱼被从水中提起来或被踩到的时候。

另一种头足纲动物——火焰乌贼也能制造与蓝环章鱼相似的毒素。

蓝环章鱼的毒素对具有神经系统的生物是非常致命的，一旦具有神经系统的生物被章鱼攻击后，毒素会在受害者体内干扰它的神经系统，造成其神经系统紊乱，从而致死。人一旦被蓝环章鱼攻击，它的毒素会侵害所有受人脑支配的肌肉，被攻击的人虽然神志清醒，却不能交流，不能呼吸。所以，一旦有人被蓝环章鱼攻击，要立即对其做人工呼吸，否则他会渐渐窒息。

蓝环章鱼的体色可以显示它的毒性。蓝环章鱼的皮肤含有颜色细胞，它可以通过收缩或伸展，通过改变不同颜色细胞的大小来改变自己的体色。因此，当蓝环章鱼在不同的环境中移动时，它可以把自己的体色变为与周围环境色相同的保护色。

第五章

昆虫之最

　　昆虫是所有生物中种类及数量最多的一群，是世界上最繁盛的动物，已发现了100多万种。昆虫在生态圈中扮演着很重要的角色。昆虫拥有至少13项吉尼斯世界纪录。事实上，它们还有属于自己的排行榜。比如西马来西亚雌性巨竹节虫可称得上世界长度最长的昆虫，它们身长可达55.6厘米；比如生命最最顽强的蟑螂等。

最凶猛的蚂蚁——行军蚁

　　蚂蚁可能是我们生活中最常见的动物了，无论是在小路上，还是在墙角边，或者花园的草坪里、石头下，到处都有它们的身影。单个的蚂蚁，小小的，毫不起眼，但是当蚂蚁聚集成一团时，就会拥有一股不可忽视的力量。

　　行军蚁是世界上最凶猛的蚂蚁，也是有名的超级捕食者，行军蚁生活在亚马逊流域。它们是群体性的生活团体，一个群体包括一二百万只成员。行军蚁是一种迁移类蚂蚁，没有固定住所，它们动作极其迅速，擅长在迁移中发现并捕捉猎物。它们每天的生活就是不停地行军、迁移，在行进中发现猎物、捕杀猎物、搬运猎物。到了晚上休息时，行军蚁就互相咬在一块，形成

一个巨大的蚂蚁团，工蚁在外面，兵蚁和小蚂蚁在里面。

科罗拉多岛位于巴拿马运河的一个湖泊中，面积约为15平方千米，行军蚁之中的鬼针游蚁就生活在这里，所以这里是观察行军蚁活动的最佳地点之一。

行军蚁头很窄，有很大的单眼和复眼，它们全身长有茂密的柔毛，呈丝质光泽。行军蚁全身呈褐黄色，上颚、足为栗黄色，除后腹部外，毛都呈黄色，直立后腹部末端有密立毛，腹面有稀疏立毛，上颚又短又宽，且端部很钝，内缘基部有一钝齿。

雄性行军蚁的体长为25.1~25.9毫米，小型工蚁体长最长为4.6毫米，形状与大型工蚁相似，只是后腹略凹一些，体色也较淡，而大型工蚁体长最大为7.4毫米。

行军蚁拥有惊人的捕猎能力，采用集团作战方式进行捕猎。与老虎、狮子、熊等相比，行军蚁更会让人感到恐惧。据说，蚂蚁王国有非常复杂的机构组织，个体之间也有合作规则，这一点在行军蚁中尤为突出。在群居的行军蚁中，有75万只左右的行军蚁是亲兄弟，它们都是同一只蚁后所生的后代，但是它们必须严格遵守秩序，必须严格服从"组织"纪律，如果在行军途中遇上沟壑，处在队伍最前面的蚂蚁会毫不犹豫地冲下去充当"蚁桥"，它们会抱成一团，一直到队伍安全通过为止，为此就算牺牲生命它们也决不会退缩。

动物小·知识

行军蚁的凶猛攻击对森林也有好处，有助于维持生物多样性。当森林中有一棵树倒下，会形成一个混乱的栖地，让各种物种进入、移居、生长。同样地，行军蚁群进驻之后，动物的生命也会彻底毁灭，仿佛被清除殆尽。行军蚁离开后不久，该区域会成为生物多样性的温床，各种生物都有机会……直到行军蚁再次光临。

这些勇猛的行军蚁身披战甲，大颚犹如弯刀般锋利，躯壳似铁甲般坚硬，数量众多，规模巨大。每天它们都会让各种比它们强大的对手变成手下败将，它们取得了无数次的胜利，所以行军蚁被认为是战场上的常胜将军。即使体型远大于它们的猎物如蟋蟀、蚱蜢等也只能成为它们的美食，甚至用不了半个小时，一头猪或豹就会被它们啃得只剩骨头。行军蚁的唾液里有毒，猎物一旦被它们咬伤，很快就会被麻醉从而失去抵抗力。

舌头最长的蛾类——马达加斯加天蛾

　　马达加斯加天蛾的舌头可能是世界上最著名的舌头了。它首先引起科学界的注意是由于达尔文丰富的想象力。达尔文是19世纪最伟大的自然哲学家和进化论之父，1862年，他分析了彗星兰花的一个样本，这种兰花生长在马达加斯加岛上的森林树阴里。它的花朵很大，蜡质，呈白色，星形，在夜晚能散发出强烈的、甜甜的香气。吸引达尔文的是它的花蜜在花冠的底部，距花冠约30厘米，他认为这种结构一定与某种特殊的昆虫授粉者相匹配。

动物·小·知识

　　　天蛾像蜜蜂一样，能发出清晰可闻的嗡嗡声；它还像南美洲的蜂鸟，夜伏昼出，很少休息，在取食时，和蜂鸟一样，时而在花间急驶，时而在花前盘旋。但其实它是蛾类，为蝶类的同族"近亲"。

　　他知道这种白色的、夜晚会散发出香气的花很吸引蛾子，在1877年他写道："在马达加斯加岛肯定有种蛾子，它们长着长'舌头'，通过舌头来吸取花蜜，并且能伸到30~35厘米的长度！"因为这种兰花没有给昆虫提供着陆点，它很可能是一种一直盘旋的天蛾。当时达尔文的观点受到嘲笑，但是在1903年，人们发现了马达加斯加的天蛾，它确实长有与彗星兰花的花冠长度相匹配的长舌头。

　　多年来，这两个物种在野外之间的关系没有被确定，但是人们最近观察到天蛾在兰花上停留，并且带走了花粉。还有一个更神奇的事是，彗星兰花有近亲，它的花冠长约40厘米，这表明还有一种蛾子有待发现，它的舌头会更长。

爆发力最强的跳跃——沫蝉

　　昆虫里面最适合跳高的是跳蚤，其中以猫蚤跳得最高，能跳24厘米。这项技能使得它们能在走动的哺乳动物身上跳来跳去以觅食。但是，还有别的不太出名的跳跃者能轻易地超过它们，那就是沫蝉。

　　沫蝉是一种吸食植物的小虫，当它需要新鲜树液时就能飞到或者跳到新的植物上。如果遇到威胁时，它们有一种爆发性的逃跑方式。极细微的振动或者触摸就会使这些小虫以极快的速度跳走，速度之快令人咋舌，以至于如果碰到你的脸的话，都会伤到脸。

动物·小·知识

有的科学家认为：沫蝉是世界上跳跃最高的动物，虽然它的身体只有3毫米，但是它却能跳到70厘米，这个相当于一个人往上跳200米！竟然比跳蚤跳的都高。

大"股"肌肉控制着它们最长的后腿（它们藏在翅膀之下），肌肉极富弹性。它们腿上特殊的隆起使它们可以保持不变的竖起的姿势，而此时"股"肌肉慢慢收缩，使得大腿能突然打开并快速弹起，整个身体向前射出。一只沫蝉能在1‰秒之内加速到每秒4米的起跳初始速度，承受大于体重400倍的重力（而人类乘太空火箭进入轨道时最多只能承受其体重5倍的重力）。相比之下，一只普通的跳蚤也只能承受其体重135倍的重力。但是跳蚤也值得在这里记下一笔，即使它的生活方式也只是进行跳跃而已。

寿命最短的昆虫——蜉蝣

比起其他动物，昆虫的寿命就显得短多了，一般的昆虫寿命都不长。

如果要说到哪一种昆虫的寿命最短，那大概就要数蜉蝣了。蜉蝣是昆虫里的"短命鬼"，它的成虫在水里形成，然后爬上岸，最多只能活一天甚至几个小时，雄雌蜉蝣完成繁殖任务后，就先后死掉了。所以，古代人们形容蜉蝣的短命是"朝生暮死"，真的十分恰当。

动物·小·知识

不同种类的蜉蝣稚虫喜欢在含氧量高的水域中生活，因此，它们是测定水质污染程度的指示生物。

为什么蜉蝣的生命如此短促呢？是因为它们的身体实在太差了。它长着1厘米长的瘦弱身体；翅膀非常单薄，前肢又宽又大，后翅较小；嘴不能用来吃食物；6只脚非常软，不能走路，勉强可以用来攀爬草叶；尾巴上拖着两条须，比身体要长。蜉蝣只能进行升降运动，根本没有力气飞行。所以当它用足气力完成繁殖使命以后，就再也没有气力活下去了。

最长的昆虫——竹节虫

竹节虫是世界上最长的昆虫，一般长度为10~20厘米，最长的达33厘米。它们和其他昆虫一样，头部有1对细长的触角，胸部3节，各生有细长的足1对，宜于爬行。我国产的竹节虫，一般不长翅膀。

竹节虫会变色，只要四周的环境一改变，它就可以很快地改变自己的体色。竹节虫的身体颜色多为绿色、褐色或者黄色，与周围的植物颜色相互掩映，让人很难找到它们的藏身之处。它们长着一对小的复眼，脚的构造很适于沿着小树枝及树叶行走。

 动物小·知识

当竹节虫受到侵犯飞起时，突然闪动的彩光会迷惑敌人。但这种彩光只是一闪而过，当竹叶虫着地收起翅膀时，它就突然消失了。这被称为"闪色法"，是许多昆虫逃跑时使用的一种方法。

当遇到危险时，竹节虫的脚会紧紧抓住树枝一动不动，很容易被当作是一根普通的树枝而逃过劫难。如果不小心被猎物咬住脚，它还会弄断自己的脚，以求保全性命。

竹节虫的幼虫和成虫长得一模一样。它的脚很容易脱落，也很容易长出来。竹节虫的外形和一片真正的叶子一样，有着许多叶脉。而它的腿脚像是几片碎裂的小叶子，竹节虫停在竹子上极像一根竹枝，停在叶子上又极像树叶的叶脉，这些伪装都是为了使敌人不容易发现。

寿命最长的昆虫——蝉

动物界的范围很广，在动物中，也不乏长寿者。但若专指动物中的昆虫，长寿者就很少了，许多昆虫的寿命都非常短暂，有的甚至连一天都活不到。

在所有的昆虫里，蝉可算是它们当中的寿星了，你大概很难想到吧。有一种蝉最长可活17年，虽然比起许多动物来都差得远，但这在昆虫中已是独一无二的。这种蝉生活在美国，它有一个非常特别的习惯，差不多全部生命都在地下度过。一旦它从土里钻出来，大约只能活1个月。

动物·小·知识

　　每当蝉口渴、饥饿之际，总会用自己坚硬的口器———一根细长的硬管，把嘴插入树干一天到晚的吮吸汁液，把大量的营养与水分吸入自己的身体中，用来延长自己的寿命。

　　为什么它要在地下度过漫长的17年呢？原来，它生长发育的过程十分漫长，需要17年才能完成。雌蝉把卵产在树枝上，幼虫从卵中孵出后，掉到地上，钻进土里攀附在树根上吸取营养。沉睡17年之后，完成发育过程的蝉才钻出地面，爬上树梢，只不过，它享受美好大自然的时间已经不多了。

跳得最高的昆虫——跳蚤

在动物世界里，跳蚤可以说是名副其实的超级跳高冠军。当然，要讲实际跳的高度，跳蚤也就是跳跃20~30厘米高，许多大大小小的动物，都能轻而易举地跳过这个高度。但是，跳蚤之所以了不起，是因为它的身体只有1~3毫米长，它所跳过的高度却是它身体高度的200倍。试想，不论是我们人类，还是其他任何动物，要跳过自己身体200倍的高度，那可能吗？

 动物小·知识

跳蚤的外壳可以承受比体重大90倍的重量！有一种说法，人的身体，如果有了如同跳蚤身体一样的外壳，而不是如今的皮肉，那么，人可以从一千米的高空，摔跌下硬地而安然无恙，也可以承受一千千克的重物，自一千米高坠下的重压。

跳蚤为什么竟然有这么大的本事？因为跳蚤的后足表皮内有独特的弹性物质，它的主要成分是弹性素，这是一种盔状蛋白质。当跳蚤在弹跳前，弹性素周围肌肉收缩，使弹性素受到挤压而高度收缩；弹跳时肌肉突然放松，弹性素的体积一下子膨胀了，就像弹射架一样，把跳蚤弹起来，其速度高到1350米/秒。由于速度大，加上跳蚤身体微小，能克服很大一部分地球引力，所以跳蚤跳得非常高。

生命力最强的昆虫——蟑螂

　　蟑螂取食广泛，是杂食性昆虫，它喜食各种食品，包括面包、米饭、糕点、荤素熟食品、瓜果以及饮料等，尤其偏爱香、甜、油的面制食品。蟑螂嗜食油脂，在各种植物油中，香麻油最具诱惑力。昆虫学家发现有12种蟑螂可以靠糨糊活一个礼拜，美国蟑螂只喝水可以活一个月，如果没有食物也没有水，它们仍然可以活3个星期。蟑螂在食物短缺或者空间过分拥挤的情况下，会发生同类相残的行为。

　　蟑螂的足发达，适于疾走，每小时能跑约5千米的路，也会游泳。蟑螂

触角的嗅觉十分灵敏，能够根据气味辨认同类。蟑螂贪食成性，不仅吃食物，也吃大便和痰液。吃进后，常将部分食物呕出，能传播痢疾、伤寒、霍乱、寄生虫等。

蟑螂的破坏性极强。它能咬坏书籍、衣服甚至皮件，同时也污染衣物等。另外，它还能分泌含臭味的液体，在其接触过的食物及物品上留下特殊的臭味。

蟑螂的生殖能力超强，雌雄蟑螂交配后，雌蟑螂的尾端便长出一个形如豆荚状的东西，这就是卵鞘，卵就产在其中。一只雌虫少则可产10多个，多则可产90多个卵鞘。一个卵鞘中少则可孵出10只，多则可孵出50多只小蟑螂，这与蟑螂种类有一定的关系。因此，人类要注意消灭蟑螂卵鞘，灭掉一个卵鞘就等于消灭了几十只蟑螂。

动物小知识

当蟑螂处于恶劣的环境条件下，无食又无水时，蟑螂间会发生互相残食的现象，大吃小，强吃弱，特别是刚刚蜕皮的虫子，不能动弹，表皮又嫩，就成了竞相争食的猎物。

曾经有生物学家根据蟑螂的生态习性下了一个定论：如果有一天地球上发生了全球核子大战，在影响区内的所有生物包括人类甚至鱼类等都会消失殆尽，只有蟑螂会继续它们的生活！

世界上现存有3500种不同的蟑螂。大部分人都很憎恨蟑螂，还有一些人花了相当多的时间和气力想除掉它们。尽管如此，这种昆虫却没有任何灭绝的迹象。蟑螂是地球上生命力最强的个体，是生命进化史中的王者。

飞行技术最好的昆虫——蜻蜓

蜻蜓的头部很大，这主要是因为它有2只占了头的大部分的复眼，蜻蜓的复眼中一共有2~2.8万只小眼。大多数昆虫的眼睛都是近视眼，但蜻蜓的眼睛却是远近都能看，而且还能测速。当有物体在蜻蜓面前移动时，蜻蜓的复眼里的每一只小眼都像一台小型照相机一样依次形成图像，蜻蜓可以根据连续出现在小眼里的影像和时间，从而判断出目标物体的运动速度以捕捉猎物。另外，在蜻蜓的头上还有3只用来感觉光线明暗的单眼。

蜻蜓的后翅稍大于前翅，并且它的前后翅的大小翅脉也不一样。蜻蜓在

飞翔的时候，两对翅都可以单独扇动，这样不仅可以减少翅的扇动次数，而且还能大幅度提高飞翔的速度，当然，蜻蜓的飞翔距离也是相当可观的。

蜻蜓的食物主要是蚊子、苍蝇和其他小昆虫，因此蜻蜓是当之无愧的"益虫"。蜻蜓的食量很大，它有自己独特的捕食方法。蜻蜓在空中遇到猎物时，会立刻把自己的6只脚向前方伸张开。蜻蜓的每只脚上都生有无数细小而锐利的尖刺，6只脚合拢起来的时候就像一只口朝前开的小"笼子"，因此，蜻蜓可以一边飞翔一边将空中的小昆虫捕捉到"笼子"里面吃掉。

蜻蜓的交配方法也很独特，雄蜻蜓会预先把精液注入贮精器中，等追上雌蜻蜓时，雄蜻蜓会用它腹部末端特有的夹器将雌蜻蜓的头部夹住，雌蜻蜓则会用它的6足紧紧抱住雄蜻蜓腹部，把自己的生殖孔与雄蜻蜓的阴茎对接起来，从而进行交配。

蜻蜓的卵是在水里孵化的，蜻蜓在水面上把尾巴往水中一浸一浸地低飞着，姿态优美，动作轻柔，这种"蜻蜓点水"实际上就是它们产卵的动作。

蜻蜓的稚虫称为水趸，在水里生活。水趸没有翅，也没有尾巴，身体扁而宽，但也有3对足。它的下唇很长，可以屈伸，顶端有一只很长的大"老虎钳"，是捕捉食饵的工具。池塘中的蜉蝣或蚊子等昆虫的幼虫是它的主要食料，其中蚊子的幼虫——孑孓是它最好的食物，因此可以说蜻蜓从幼年时代就是除害的能手。

水趸呼吸的方式奇特，既不像陆地上的动物那样通过鼻子呼吸，也不像鱼那样靠头部两旁的鳃呼吸，而是通过长在肠内的鳃来吸收氧气，这种鳃叫做直肠鳃。水流经过水趸的肛门进入直肠鳃，水中的氧气就被吸收溶解，供给体内需要，然后将废水往后喷出，并利用喷射的反作用力使身体向前推进，真是一举两得。水趸在水里要经过2~5年，甚至7~8年才能羽化为成虫。在这段漫长的岁月中，身体要经过10多次的蜕皮，不断长大，最后爬出水面蜕掉幼年的"衣裳"，飞向天空，变成了蜻蜓。当要羽化的时候，它就攀登到水草枝上，不吃也不动，直到羽化后变为蜻蜓。

动物·小·知识

蜻蜓是世界上眼睛最多的昆虫。蜻蜓的眼睛又大又鼓，占据着头的绝大部分，且每只眼睛又有数不清的"小眼"构成，这些"小眼"都与感光细胞和神经连着，可以辨别物体的形状大小，它们的视力极好，而且还能向上、向下、向前、向后看而不必转头。

蜻蜓是昆虫中最负盛名的"飞行家"，是当之无愧的"飞行之王"。它们的飞行距离之长，十分令人惊讶。它们坚忍不拔的耐力，更是出类拔萃。每年夏季，蜻蜓能够从英国海岸成群结队地横渡多佛海峡，飞到法国去"避暑"。有一种赤褐色的小型蜻蜓每年能从赤道地区飞到日本一带。海员们也时常发现，在距离澳洲大陆500千米的澳大利亚湾的海域上有很多蜻蜓飞翔，而从这里再返回澳洲大陆，它们的飞行距离就大约在1000千米左右。在昆虫中，如此遥远的飞行距离，除了蜻蜓之外，其他种类是望尘莫及的。

最勤劳的动物——蜜蜂

　　蜜蜂家族里有蜂王、雄蜂和工蜂三类成员，每个成员都有自己明确的分工。蜂王管理着整个家族，它的任务是繁衍后代；雄蜂除了和蜂王繁殖后代外，没有其他工作；最辛苦的就数工蜂了，它们负责筑巢、采蜜、养育幼蜂、防御敌害等工作。

　　蜜蜂的螫针上有尖锐的倒刺，它把螫针刺入敌人的身体后，就再也拔不出来了，而它自己也会很快死去。

　　蜜蜂的后脚中间凹陷，有利于花粉的储存，所以后脚就成了它们采蜜时的"花粉篮"。它们采到花粉后，就将花粉收集在"花粉篮"里，然后用花蜜将花粉固定成球状再带回巢穴。

动物·小·知识

蜜蜂的嗅觉非常灵敏，它们能够根据气味来识别外群的蜜蜂。在巢门口经常有担任守卫的蜜蜂，不使外群的蜜蜂随便窜入巢内。在缺少蜜源的时候，经常有不是本群的蜜蜂潜入巢内盗蜜，守卫蜂会立即驱赶。

蜜蜂的巢是正六边形的，既节省空间，又紧密牢固。它们在中央蜂孔里哺育幼虫，在外围的孔里存放花粉和花蜜，堪称是独具匠心，就连人类高超的建筑师也为之叫绝。

在每个蜂巢中，通常只有1个蜂王，它是具有生育能力的雌性蜜蜂。一般情况下，工蜂只能活几个月，而蜂王通常能活5~6年，甚至十几年。

工蜂有很多有趣的行为，它在采蜜时，可以用跳"8"字舞的方式，告诉同伴们花儿在哪儿。近年来，有人还发现蜜蜂可以用声音进行"交谈"。在蜂巢里可以听到"特尔——特尔"的声音，声音的高度及持续的时间似乎与花儿的距离、数量等有关。

最美丽的蝴蝶——凤蝶

在整个蝴蝶家族中，凤蝶是最漂亮的蝶种。除北极以外，世界各地都有它们的身影，单是它们的种类就有850多种。由于它们的后翅上往往还会有一段小尾巴，因此人们又叫它们凤尾蝶。一旦你遇见了它们，也一定会为之着迷的。

凤蝶之所以这样漂亮，除了优美的形态，主要就是靠身上的颜色和图案来吸引人们的眼球。它们通常以黑、黄、白三种颜色作为基调，再加上红、蓝、绿等颜色的斑纹，一些成员还具有灿烂夺目的金属般的光泽，想不出风头都难。

 动物·小·知识

凤蝶的成虫常见于低海拔平地及丘陵地，在热带森林高空或丘陵上空周旋，受惊后便飞逃；飞行缓慢，飞行力强，在季风来临的晴天时，飞翔数小时才休息；有时主动攻击其他蝴蝶，然后逃之。

快要产卵时，凤蝶会先用触角探测，测到合适的植物就落到叶子上，再用能分辨气味的前足触摸，弄清那是否是自己要找的芸香科类植物。如果发觉气味不对，它们是绝不会在那里产卵的。它们之所以这样做，是因为小凤蝶必须以芸香科植物的叶子为食。

别看凤蝶这么漂亮，可小时候却是一只丑小鸭。当它们还没有长出翅膀的时候，有的胸部长着黑色或黄色的圆点，就像蛇头一样；有的整个身体的颜色都是深暗的，看起来就像鸟粪一样。尽管看起来很丑陋，但却使它们避免成为敌人的美餐。

　　经过几次蜕皮之后，凤蝶的身体就会突然从黑白色变为鲜艳的绿色。这是由于它们体内一些激素的浓度发生了变化，这可是凤蝶变色的关键。一般来说，这些激素的浓度会在凤蝶完成第三次蜕皮后的那天直线下降。

跑得最快的昆虫——虎甲虫

它们是陆地上跑得最快的昆虫。如果把它们放大到人类的体型那样大，那么它们的速度就相当于赛车车速的2倍多。它们就是昆虫界的小霸王——虎甲虫。虎甲虫大多数都栖息在热带和亚热带地区，特别是阳光灿烂和多沙土的地方。

虎甲虫最显著的特征就是长得漂亮，它们的身体大多会有鲜艳的颜色和斑斓的色斑。不过有些虎甲虫是暗灰色的，还有些像是草地的颜色。虎甲虫的脚很细长，上面还有许多白色的细毛。平日里，它们最喜欢一边晒着太阳，一边在沙质的草地上活动。

虎甲虫不仅身体细长，就连它们的大颚也很长。那些大颚又锐利又有力，

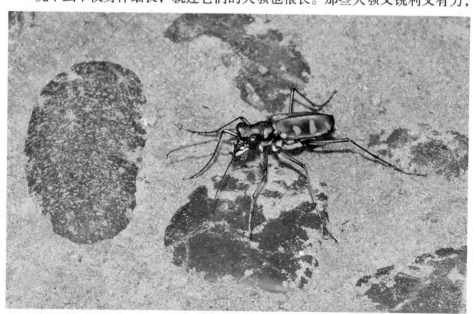

很像是老虎的獠牙。虎甲虫就是用它们来撕咬猎物的，所以这就成了它们的"虎牙"。长大的虎甲虫非常残暴，它们带着发达的口器和虎牙，来去如风，所以最好别去招惹它们。

 动物·小·知识

> 虎甲幼虫大多土栖，少数种类树栖；几乎为捕食性，少数种类幼虫危害植物。其背部有一对倒钩，当捕获猎物时可以钩住洞穴周围，防止被猎物拖出洞外，所以有"骆驼虫"的称号。

虎甲虫小时候一直都生活在泥土里，大约要经过2~3年的时间，它们才能蜕变成凶猛、残暴的成虫。这些小家伙捕捉猎物的方式很特殊：它们的身体和头像瓶塞一般塞住洞口，等到有猎物经过时，虎甲虫就从洞口跳出来，然后用大颚咬住猎物，开始饱餐一顿。

虎甲虫的眼睛很大，就像青蛙的眼睛那样突起。它们的视力非常好，不过，当它们在极速奔跑时，由于眼睛结构的限制和大脑处理能力的不足，经常会出现短暂的失明，所以它们常常会在追捕猎物的过程中不时停下来重新寻找猎物的去向。

力气最大的昆虫——独角仙

"独角仙"是世界上最强壮的动物，它能够搬动重量是自己体重850倍的物体。此外，独角仙的外壳还具有变色功能，可以随着外界空气变潮湿其外壳的颜色由绿色变成黑色。它的这一特征可用来设计新型"智能材料"有效探测湿度变化。

 动物·小·知识

> 独角仙的幼虫主要以朽木、腐烂植物为食，所以多栖居于树木的朽心、锯末木屑堆、肥料堆和垃圾堆，乃至草房的屋顶间。但是不危害作物和林木。

独角仙通常生存于哥伦比亚、委内瑞拉、秘鲁、厄瓜多尔、玻利维亚和巴西的雨林环境中，目前这种神秘的昆虫仍有许多不解之谜。比如，虽然将死亡独角仙的外壳样本干燥后可显示随空气湿度变化的变色状况，但是活着的独角仙不一定会出现相同的反应。

至于为什么这种昆虫会改变颜色，仍是一个未解谜团。一些研究人员猜测这是一种保护措施，在夜晚雨林中湿度变大，独角仙为避免不被掠食动物发现，外壳也会变成黑色。其他人则认为随着夜晚湿度变大，外壳变成黑色是为了使身体暖和。

最忠贞的丈夫——螳螂

古希腊时期，在田间劳作的农夫经常看到螳螂半身直起，抬起头，悄悄地将两只前足举起，伸向半空，又迅速收拢在胸前；它双目凝神，肃然静立，举止端庄，就像在虔诚地祈祷。在没有多少知识的农夫看来，它好像一名修女，因而称它为"祈祷之虫"。

事实上，那貌似虔诚的姿态只是一种假相，它高举着的似乎是在祈祷的手臂，竟是最可怕的利刃。一旦有什么猎物经过它的身边，它便立刻原形毕露，用它的凶器屠戮掉眼前的猎物。螳螂在昆虫中算是勇猛的斗士。它的前

足很发达，好像镰刀，头呈三角形，触角呈丝状。当遭到敌人的攻击或偷袭时，它那对纤长的触角就会机敏地竖起，做出随时迎敌的姿势。当昆虫来到螳螂眼前的时候，螳螂会悄悄地张开翅膀，一步一步地逼近昆虫，然后全身立起，用大刀般的前足在昆虫身上猛地一击，立即将其活捉。此时，不论是蝗虫还是蚊子，统统成了它的美餐。

 动物·小知识

　　螳螂有保护色，有的还能拟态，与其所处环境相似，借以捕食多种害虫。动作灵敏，捕食时所用时间仅为0.01秒。

　　令人惊讶的是，螳螂虽然凶残、勇猛，但对爱人却非常痴情，尤其是雄螳螂，号称动物界中最忠贞的"大丈夫"。当雌雄螳螂进行交配的时候，体形较大的雌螳螂由于消耗的能量较多，会毫不犹豫地将它的"丈夫"当做食物吃掉。而雄螳螂即使整个头部都被雌螳螂撕咬了下来，也会继续完成交配并成功地使雌螳螂受精。这虽然十分残酷，但正是雄螳螂这种以身殉情的行为，使雌螳螂既摄取了能量，又成功地繁衍了后代。也许，这就是西方人敬畏螳螂的一个重要原因吧！